白桦木材形成及分子调控

王 超 著

科学出版社

北 京

内 容 简 介

本书的主要内容是应用互补 DNA（cDNA）文库分析及转录组、蛋白质组和代谢组等比较组学分析技术，从形成层相关基因的季节性表达，不同茎节木材形成相关基因表达，激素处理下木质部发育相关基因表达，以及应拉木发育过程中的基因、蛋白质及代谢水平的变化分析入手，建立系统的白桦（*Betula platyphylla*）木材形成的分子表达谱，揭示白桦木材形成的分子调控机制，并从全基因组层面鉴定白桦木材形成相关基因，为白桦木材形成的分子生物学研究提供数据基础，为白桦分子改良提供基因资源。

本书可供林业院校及林业科研单位相关专业的研究生、教师、科研人员及林业生产单位相关技术人员阅读参考。

图书在版编目 (CIP) 数据

白桦木材形成及分子调控/王超著. —北京：科学出版社，2023.11
ISBN 978-7-03-077078-3

Ⅰ. ①白… Ⅱ.①王… Ⅲ. ①白桦–木材–形成 ②白桦–遗传调控
Ⅳ.①S792.153

中国国家版本馆 CIP 数据核字(2023)第 219080 号

责任编辑：张会格　白　雪 / 责任校对：严　娜
责任印制：吴兆东 / 封面设计：刘新新

科 学 出 版 社 出版
北京东黄城根北街 16 号
邮政编码：100717
http://www.sciencep.com
北京厚诚则铭印刷科技有限公司印刷
科学出版社发行　各地新华书店经销
*
2023 年 11 月第 一 版　开本：720×1000 1/16
2024 年 11 月第二次印刷　印张：10 3/4
字数：220 000
定价：148.00 元
(如有印装质量问题，我社负责调换)

前　　言

　　白桦（*Betula platyphylla*）是东北地区重要的用材树种之一，广泛用于板材及造纸工业中，具有广阔的应用前景。在速生用材林建设中，树木品种的限制造成用材树种的单一，难以满足市场多元化的需求。在有限的树种上实现材性的多元化，就需要采用分子生物学手段，探索主要用材树种木材形成的分子调控机制，获得关键调控基因，利用基因工程手段调控木材性质。因此，研究白桦木材形成的分子调控机制并进行白桦分子育种，具有重要的理论及应用价值。本书讨论的木材形成，主要包括形成层的发育、茎的初生和次生转换、激素调控下木质部的发育、次生壁的形成及木材形成研究的重要模式系统——应拉木形成系统等。本书旨在帮助读者了解不同条件下白桦木材形成相关基因的表达调控及重要的调控基因，并了解其中的一些研究方法，为木材形成的分子生物学研究奠定基础。本书是"十四五"国家重点研发计划课题"桦树新品种选育"（2021YFD2200304）、国家自然科学基金项目"白桦 MYB 转录因子调控次生壁形成的功能研究"（31470671）；国家高技术研究发展计划（863 计划）项目"白桦、桉树等分子育种与品种创制"（2011AA100202）；中央高校基本科研业务费专项资金项目"白桦分生木质部响应重力的蛋白质组分析"（DL12CA07）、"白桦木材形成分子机理研究"（DL09BA03）；黑龙江省自然科学基金项目"白桦木材形成相关基因克隆及功能分析"（200803）的主要研究成果汇总。本书共 4 章：第 1 章，白桦形成层表达谱分析及相关基因季节调控；第 2 章，白桦茎初生向次生转变的分子调控；第 3 章，激素处理及施肥对白桦木质部发育及材性的影响；第 4 章，白桦应拉木形成及分子调控。

　　限于作者水平，本书难免有不足之处，特此恳请业界同行、专家及学者对本书内容加以批评指正。

王　超

2023 年 1 月 4 日

目 录

第1章 白桦形成层表达谱分析及相关基因季节调控

1.1 引 言

木材是国民经济建设和发展中不可或缺的重要工业原料。随着社会经济的飞速发展，木材的使用纷繁变化，无论对其用量还是在其材质方面的要求都不断提高。因此，提高木材产量、改善木材品质对林业工作者而言任重道远。在林业蓬勃发展的历程中，老一辈林学家利用常规育种方法为林木改良做出了卓越的贡献，取得了令人瞩目的成就。但是，采用常规的种源选择和杂交育种方式，育种周期长、工序复杂、受外界影响较大，不易控制，较难取得突破性成果，难以培育出生长速度快且适合不同材性要求的林木新品种。而日益发展的分子生物学育种手段为林木改良提供了一个崭新的途径。应用分子育种技术进行林木材性改良不仅可以缩短育种周期，还可以提高育种的目的性和可操作性。木材形成是一个受基因编码严格调控的复杂生物学过程，利用分子手段对木材形成进行改良，首先必须分析出木材形成过程的关键调控基因并了解这些基因的作用机制，才可以通过改变这些基因的表达，实现材性的改良。而木材的形成即木质部的发生源于维管形成层的活动，对维管形成层细胞的增殖、分化进行分子水平的研究将有助于找到与木材形成有关的关键基因，进一步揭示木材形成的分子调控机制。

随着基因组学和功能基因组学的发展，利用其最新研究成果和研究技术，可以从转录组水平或蛋白质组水平成规模分离与维管形成层发育和分化相关的基因。木材形成研究的主要基因组学、功能基因组学工具有：表达序列标签（expressed sequence tag，EST）、cDNA 微阵列（cDNA microarray）分析、cDNA-扩增片段长度多态性（cDNA-amplified fragment length polymorphism，cDNA-AFLP）、增强子/基因捕获分析、全基因芯片分析及蛋白质组学分析等。另外，拟南芥（*Arabidopsis thaliana*）也可以诱导产生次生木质部（即木材形成）（Dolan et al.，1993；Lev-Yadun，1994，1995；Gendreau et al.，1997），因而可以利用此植物生物学研究中最重要模式植物的丰富基因组学资源。

白桦（*Betula platyphylla*）是东北地区重要的用材树种之一，具有生长快、适应性强和抗逆性强的特点，已经广泛用于造纸工业中，是研究东北地区主要用材树种木材形成分子机制的优良材料，具有重要的育种价值。白桦常规育种方面已经取得了很多重要的进展。有相关研究在此基础上以白桦形成层组织为材料构建了 cDNA 文库，获得与白桦木材形成和材质材性相关的基因，为研究白桦木材形成主要过程的分子机理及调控机制及利用分子生物学手段培育优良材质的白桦奠定基础。

1.1.1　木材形成的生物学过程及其基因调控

木材由维管形成层（vascular cambium）细胞增殖分化而来。维管形成层向外分化形成次生韧皮部，向内分化形成次生木质部，韧皮部和木质部在维管形成层的两侧不断呈辐射状分化（谢红丽，2003）。由形成层细胞逐步分化形成木质部细胞需要经过一系列严格的分化程序，其中包括：形成层木质部侧的母细胞分裂、细胞的延伸扩展（衍生细胞不断伸长直至其伸长区的最终大小）、次生壁的沉积（包括纤维素、半纤维素和木质素的生物合成及沉积）、木质化及伴随木质化和细胞壁次生加厚的细胞程序性死亡（programmed cell death，PCD）。木材形成过程中每一步的基因表达都严格受环境和发育因子的控制（Chaffey，1999；Hertzberg et al.，2001；Yang et al.，2004；Yokoyama and Nishitani，2006）。最终成熟的次生木质部包括木质部薄壁细胞、木质纤维、管状分子（tracheary element，TE）。管状分子在木质部分化过程中发生细胞程序性死亡而失去了细胞核和其他内容物，最后形成中空的管状物而成为导管的一部分。

许多树种的树干可以分为边材和心材两个明显不同的区域。边材主要从根部运输水分、矿物质和气体等物质到全身各部分器官，为树木供应水分、能量、矿物质和溶质等，同时也为整个植株提供一定的机械支撑。心材是细胞程序性死亡的结果，仅为植株提供机械支撑作用。

1. 形成层原始细胞的分裂及木材细胞的生成

形成层原始细胞由两种细胞组成：纺锤状原始细胞和射线原始细胞。纺锤状原始细胞向内分裂生成：轴向管胞、管状分子、木质纤维、木薄壁细胞、树脂（胶）道分泌细胞和阔叶材管胞；向外分裂生成：筛胞（针叶树种）、筛管分子（阔叶树种）、韧皮纤维和韧皮薄壁细胞。射线原始细胞形成射线薄壁细胞、射线管胞（针叶树种）（崔克明，2006）。

位置效应诱导了木质部细胞的分化，也就是说是维管形成层及其产生的衍生细胞所处的特殊位置诱导了木质部细胞的分化，即启动了木质部细胞的分化程序。这里的位置信息包括轴向的吲哚-3-乙酸（又名吲哚乙酸，indole-3-acetic acid，IAA，一种生长素）流，径向的物理压力、IAA 流与蔗糖的浓度梯度共同诱导了木质部细胞分化程序的启动。其中最重要的可能是 IAA 流，是它诱导了形成层细胞的分裂，而形成层细胞平周分裂是典型的分化分裂，也就是说这是木质部细胞分化的第一步，因此 IAA 就是形成层细胞分裂的诱导信号，就 PCD 来说它就是死亡信号。IAA 是木材形成的关键调节物质，内源的 IAA 在欧洲山杨（*Populus tremula*）和欧洲赤松（*Pinus sylvestris*）的形成层组织中都有分布（Hellgren et al.，2004）。生长素通过控制生长素响应基因的表达来调节各种生长和发育的程序，其中包括生长素/吲哚乙酸蛋白（AUX/IAA 蛋白）和生长素响应因子（auxin response factor，ARF）（Ulmasov et al. 1997；Rouse et al.，1998）。

在初生细胞壁形成时期，细胞通过同步生长（在植物组织的分化过程中，相邻细胞的细胞壁以相同速度生长的现象，使细胞壁相互间能整齐地生长，这是在许多组织中所见到的生长方式）和嵌入生长（在植物组织分化过程中，相邻细胞的细胞壁被在两个细胞之间生出的其他细胞挤进而分开，结果引起细胞壁相互间不协调的生长方式，也称侵入生长）来形成最终的形状（Siedlecka et al.，2008）。因此，维管形成层里能够大量表达编码细胞壁修饰酶类的基因，其中就包括扩展蛋白基因（*expansin*）、木葡聚糖内糖基转移酶基因（*XET*）、纤维素酶基因和果胶甲基酯酶基因（Mellerowicz and Sundberg，2008）。

扩展蛋白是影响细胞伸长和塑性的重要蛋白（Darley et al.，2001）。它是第一个从植物细胞壁中分离出来快速诱导细胞延伸的蛋白（Whitney et al.，2000；Darley et al.，2001）。Gray-Mitsumune 等（2008）报道了扩展蛋白能促进茎间的伸长和叶片扩展。Darley 等（2001）发现植物生长的停止伴随着成熟细胞壁扩展蛋白含量的进一步下降。张春玲等（2006）从毛白杨形成层 cDNA 中扩增出一个 *expansin* 基因家族 *α-expansin* 中的 A 亚家族基因，编码的氨基酸序列与芒果（杧果）、欧洲山杨×美洲山杨杂交种、拟南芥和矮牵牛的 *α-expansin* 基因编码的氨基酸序列同源性分别为 91%、88%、86% 和 86%。有研究表明，杨树中的叶分泌性纤维素酶基因 *PopCel1* 刺激叶的细胞伸展（Hertzberg et al.，2001；Ohmiya et al.，2003）。

2. 次生壁的形成

次生壁的形成发生在木质部细胞径向生长结束之后，次生壁是由纤维素微纤丝彼此平行排列，加上木质素、半纤维素、果胶及蛋白质等物质协同合成和沉积构建而成。伴随次生壁加厚，有关细胞壁木质化的各种酶活性明显提高。

木本植物细胞壁主要由纤维素组成。纤维素的基本单位是 *D*-吡喃葡萄糖，以 β-1,4 糖苷键相连，其葡萄糖残基为 2000～2500 个。植物中的纤维素主要是以小微纤丝的形式存在，一般微纤丝是由 36 根 β-1,4 糖苷链结晶而成，它是植物细胞中的主要成分（李春秀等，2005）。纤维素生物合成机制包括糖基转移酶将数千的葡萄糖残基合并成长链的程序（Paux et al.，2004），如图 1-1 所示。纤维素微纤丝是次生壁的主要成分之一，由位于质膜上的莲座状纤维素合酶复合体合成（Mueller and Brown，1980；Brett，2000）。目前，在拟南芥中发现至少 10 种纤维素合酶基因和 30 种类纤维素合酶基因，而且均为含 A 型催化域的 *CesA* 基因（Richmond and Somerville，2001）。其中至少有两个基因（*RSW1* 和 *RPC1*）在初生壁的生物合成中起重要作用（Arioli et al.，1998；Fagard et al.，2000）；*IRX3* 和 *IRX1* 在次生壁的生物合成中起作用（Taylor et al.，1999；Turner et al.，2001）。拟南芥中 AtCesA7 基因的突变导致了纤维素产量的下降（Zhong et al.，2003）。有研究者从松树（Allona et al.，1998）和杨树（Wu et al.，2000）等木本植物的木材形成组织中克隆了 *CesA* 基因。杨树基因组中至少有 18 个纤维素合酶基因已经被鉴定（Djerbi et al.，2005）。其中 PtCesA2 在次生壁形成过程中的木质部细胞中特异表达，而在韧皮部纤维中不表达（Wu et al.，2000），说明了不同的 *CesA* 基因可能有其特有的表达模式和功能。这些纤维素合酶基因在纤维素生产中的生物途径已经被鉴定（Williamson et al.，2002）。李春秀等（2006）以毛白杨形成层为材料克隆了毛白杨纤维素合酶基因（*PtoCesA1*），序列分析表明该基因序列为 3215bp，与欧洲山杨的 *PtCesA1* 基因同源性为 97%。

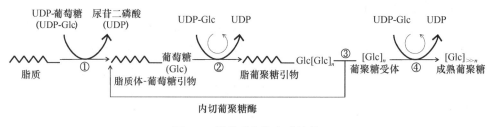

图 1-1　纤维素生物合成途径

$Glc[Glc]_n$ 木质素是次生壁内的第二大组成成分，是一类复杂的酚类物质聚合体，是维持维管细胞壁强度的成分之一。木质素主要沉积在木质部导管和厚壁组织及韧皮纤维中，从而使细胞壁机械强度和不透水性等特性发生重大变化，在植物体的机械支撑、水分运输和病原防御中起重要作用。木质素的生物合成途径已经被详细阐述（Hertzberg et al.，2001；Williamson et al.，2002；Boerjan et al.，2003；陈永忠等，2003；Mellerowicz and Sundberg，2008）：首先进行单体的合成，然后被运输到细胞壁并最终被聚合成结构分子（Hatfield and Vermerris，2001；Boerjan et al.，2003），最后在已次生加厚的导管分子和射线细胞中发生木质化（Murakami et al.，1999）。

已经确认的木质素有三种类型：紫丁香基（S）木质素、愈创木基（G）木质素和对羟基苯基（H）木质素，产生哪一种完全取决于木质素聚合物是来自 *p*-香豆醇（*p*-coumaryl alcohol，H）、松柏醇（coniferyl alcohol，G）还是芥子醇（sinapyl alcohol，S）。单子叶植物含有上述三种木质素的混合物，但以 H 木质素含量最高。而硬木基本上没有 H 木质素，针叶树没有 S 木质素，石松植物的木质素成分与针叶树相似，而蕨类植物主要含有 G 木质素和 S 木质素。硬木中的 G 木质素往往在导管分子内，而 S 木质素在纤维中储量最丰富。针叶树中，H 木质素主要与压缩木形成有关，而 G 木质素则与直立木形成有关。这些细胞类型的木质素的分布可以通过调节赤霉素与生长素的不同比例进行控制（樊汝汶等，1999）。木质素单体合成途径所涉及的酶主要包括苯丙氨酸解氨酶（phenylalanine ammonia-lyase，PAL）、肉桂酸-4-羟化酶（cinnamate 4-hydroxylase，C4H）、香豆酸-3-羟化酶（coumaric acid 3-hydroxylase，C3H）、香豆酰辅酶 A-3-羟化酶（coumaroyl-CoA 3-hydroxylase，CCoA3H）、咖啡酸-O-甲基转移酶（caffeic acid O-methyltransferase，COMT）、咖啡酰辅酶 A-O-甲基转移酶（caffeoyl-CoA-O-methyltransferase，CCoAOMT）、阿魏酸-5-羟化酶（ferulate 5-hydroxylase，F5H）、4-香豆酸:辅酶 A 连接酶（4-coumarate:CoA ligase，4CL）、肉桂酰辅酶 A 还原酶（cinnamoyl-CoA reductase，CCR）、肉桂醇脱氢酶（cinnamoyl alcohol dehydrogenase，CAD）等（付月和薛永常，2006）。发育中的木质部中 PAL 启动子活性很高（Kawamoto et al.，1999）。杨树基因编码两类 4CL，其表达模式也各不相同（Hu et al.，1998）。其中一类 4CL 基因在发育中的木质部特异表达，可能参与木质素的生物合成；而另一类 4CL 基因在表皮中特异表达，可能与非木质素类苯丙烷类物质的生物合成相关。启动子分析和原位杂交分析证明，CAD 基因在维管组织、周皮及形成层中均有表达（Feuillet et al.，1995；Regan et al.，1999）。而 CCoAOMT 免疫定位在发育中的木质部所有细胞类型中（Zhong et al.，2000）。

　　木质素单体最后在过氧化物酶（peroxidase，POD）和漆酶（laccase）的作用下聚合（Kim et al.，2000；Hertzberg et al.，2001）。有研究表明，银桦木质部过氧化物酶异构体优先氧化芥子醇亚基，在被子植物中负责由管胞细胞壁愈创木基单体（松柏醇聚合物）与紫丁香基单体（芥子醇聚合物）聚合成的 G-S 型木质素的合成（Marjamaa et al.，2006）。Tan 等（1992）研究显示，植物中 POD 活性升高，会导致生长的停止，并通过多糖的偶联使细胞壁硬化。

　　细胞壁蛋白一般可分为 4 类：富羟脯氨酸糖蛋白（HRGP）、富甘氨酸蛋白（GRP）、富脯氨酸蛋白（PRP）和阿拉伯半乳糖蛋白（AGP）。GRP 一般在木质化的细胞壁中表达，以增强细胞壁的机械性能，为木质化作用提供成核位点。AGP 可能对次生壁形成的启动起一定作用。PRP 被认为与木质化的起始位置有关（贺新强和崔克明，2002）。PRP 等蛋白质对细胞延伸扩展停止后的细胞壁硬化非常重要（Darley et al.，2001）。这一类结构蛋白在木质部分化过程中也起着重要作用，并影响木材品质（Bao et al.，1992）。用银杏富甘氨酸蛋白基因 GRP118 的启动子与 GUS 报告基因构建的表达载体转化烟草，证明银杏 GRP118 基因启动子确有韧皮部表达特性。

3. 木材的形成

木质化结束后，管状分子即进入原生质体逐步降解的细胞程序性死亡（PCD）阶段。PCD 伴随着一系列水解酶的活化。Minami 和 Fukuda（1995）发现一种大小为 35kDa 的半胱氨酸蛋白酶的活性在 PCD 开始前暂时升高，并且是分化的百日菊 TE（管状分子）所特异的，此酶在 pH 为 5.5 时最活跃。而且，此半胱氨酸蛋白酶的抑制剂也抑制核降解，表明此酶在 TE 分化中起着重要作用。在杜仲次生木质部分化中酸性磷酸酶对各种细胞器的降解起到重要作用（王雅清等，1999）。Cao 等（2003）的研究在杜仲和毛白杨的木质部分化中都检测到胱天蛋白酶 23（caspase23）和 caspase28 类似物的存在。

管状分子的细胞程序性死亡过程包括细胞器的进行性降解，同时伴随着原生质体的降解和部分未木质化次生壁的降解。细胞器降解最初标志是液泡的裂解（Fukuda，1996；Groover et al.，1997），从而将液泡中的蛋白酶、DNA 酶和 RNA 酶等水解酶释放到原生质中，继而引发细胞内容物的完全降解。Ca^{2+}参与调节次生壁形成和 PCD 过程（Groover and Jones，1999）。次生壁形成时细胞分泌一种大小为 40kDa 的丝氨酸蛋白酶，该蛋白酶分泌到细胞壁基质中，降解细胞壁中的某些蛋白质，这些蛋白质片段引起 Ca^{2+}内流，胞内 Ca^{2+}浓度上升导致液泡膜破裂，细胞死亡（Groover and Jones，1999）。对于木质部管状分子而言，次生壁形成与细胞程序性死亡是两个紧密偶联的过程，两者可能不是简单的相互依存关系（Jones，2001），而是存在某种机制将两者协调在一起，使它们成为既密切相关又相互独立的两个过程。

随着树木年龄的增加，边材也不断转化为没有活性的心材。边材向心材的转变发生在两者之间很窄的边材心材转变区，该区域的射线薄壁细胞首先发生变化，并且不断合成各种次生代谢物。边材薄壁细胞利用自身的储藏物质和叶片中通过维管系统转运的蔗糖，合成单宁、萜类、类黄酮、木脂体类、脂类及环庚三烯酚酮等心材填充附加物（Hillis，1987，1996）。心材次生代谢物的种类和数量与物种和区域有关。在边材心材转变区中，多酚氧化酶、查耳酮合酶、苯丙氨酸解氨酶等酶活性较高（Hillis，1987，1996）。

1.1.2　木材形成的 EST 分析研究方法

基因组学是在整个基因组规模上进行基因表达研究及其功能分析的。利用基因组学技术研究植物发育某一过程时往往会获得许多参与该过程的基因，如何采取快速、有效的方法来鉴定这些基因的功能是解析该生物学过程分子机制的基础。基因组学研究技术的发展和应用，改变了我们获知和利用植物体内重要生物学过程的方式。构建特定组织、器官或发育时期的 cDNA 文库，然后对其进行序列分析可以作为生化分析和遗传分析的互补方法。而通过 cDNA 序列分析得到的表达序列标签（EST）可以快速鉴定一系列的新基因。另外，对基因芯片杂交分析得到的全局数据进行统计学聚类分析后可以将基因按相似的表达模式归类（Eisen et al.，1998）。通过这种系统的聚类分析可以协助鉴定形成层生长特异的基因及其表达模式。基因组学研究为大量分离目的基因并揭示它们在木质部发育中的重要功能和研究木材形成的分子机制奠定了坚实的基础。已有研究者分析了主要造林树种多种组织的转录组 EST 序列，对林木次生生长与木材形成、开花和抗寒性的形成等过程开展了功能基因组学研究（甘四明和苏晓华，2006）。

　　EST 是从特定组织来源的 cDNA 文库中随机挑选克隆，并进行 5′端或 3′端测序后得到的部分 cDNA 序列，一个 EST 对应于某一种 mRNA 的 cDNA 克隆的一段序列。cDNA 是由来源于某一组织的 mRNA 在体外经反转录酶反转录合成单链，再由 DNA 聚合酶等催化合成双链的，只含有基因编码区域，可代表生物体某种组织某一时间的一个表达基因。EST 技术稳定性高，分析规模大，对 cDNA 文库随机挑选克隆进行大规模测序，可直接回答特定组织细胞在某一时期哪些基因表达了、丰度如何等问题，从而能在整体水平研究相关的功能和代谢。尤其是当 EST 来源于木材形成相关组织等特异组织时，可以获得数量较多的木材形成相关组织的特异转录物信息。已有研究者针对杨树（Sterky et al.，1998）、火炬松（Allona et al.，1998）、日本柳杉（Ujino-Ihara et al.，2000）、桉树（Paux et al.，2004）、白云杉（Pavy et al.，2005）和欧洲云杉（Koutaniemi et al.，2007）等硬木植物的木材形成相关组织建立了大容量的 EST 数据库。杨立伟和施季森（2005）以杉木 2～3 年生枝条 5～6 月份形成层活动期的茎段形成层组织为材料构建了 cDNA 文库。Beers 和 Zhao（2001）从拟南芥下胚轴区段分离得到 1000 个 EST 片段，其中 500 个来自木质部、500 个来自表皮，这些片段对应的基因可能与维管组织的分化相关，其中就包括一些与管状分子分化相关的丝氨酸蛋白酶、半胱氨酸蛋白酶和苏氨酸蛋白酶。在火炬松未成熟木质部获得的 1097 个 EST 片段中，大约 10%的基因编码与细胞壁形成相关的因子，包括纤维素酶、木葡聚糖内转糖基化酶等糖代谢相关蛋白、扩展蛋白、富脯氨酸蛋白、阿拉伯半乳糖蛋白等细胞壁结构蛋白，以及 PAL、C4H、COMT、4CL、CAD 等木质素合成相关蛋白（Allona et al.，1998）。有研究者在杨树中分别获得了形成层区域和发育中的木质部区域 2 个 EST 库，共 5692 个片段（Sterky et al.，1998），比较两者发现未成熟木质部 EST 库中与细胞壁形成相关的基因远比形成层 EST 库多。杨树 EST 库与松树 EST 库有许多相似之处，说明尽管裸子植物和被子植物木材结构及木质素组分不尽相同，但控制木材形成的分子机制存在共同点。

1.1.3 本研究的内容和技术路线

本章阐述了白桦形成层 cDNA 文库的构建，对文库随机挑取克隆进行 5′端测序，获得大量的 EST 序列，利用局部序列排比检索基本工具（basic local alignment search tool，Blast）进行比对，对 EST 所代表的基因序列进行分析，得到白桦木材形成过程中表达基因的 EST 序列。选择主要的木材形成相关基因运用 Northern 印记法和实时荧光定量 PCR（qRT-PCR）方法研究这类基因在木材形成过程中的季节表达模式。同时选择木材形成相关基因进行全序列分析。具体的试验流程如图 1-2 所示。

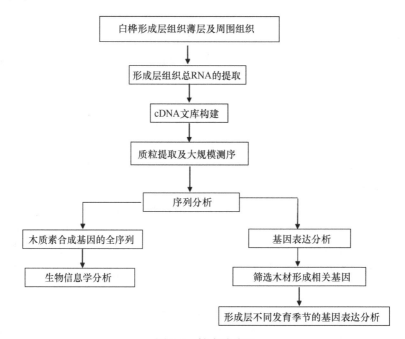

图 1-2 技术路线图

1.2 白桦形成层 cDNA 文库的构建

cDNA 文库是包含某一组织细胞在一定条件下所表达的全部 mRNA 经反转录而合成的 cDNA 序列的克隆群体，它以 cDNA 片段的形式贮存着该组织细胞的基因表达信息。因此，要研究某一组织内特异的基因表达和获得与该组织形成发育有关的特定基因，构建 cDNA 文库是一个实用有效的方法，同时它也是发现新基因的一种有效方法。cDNA 文库的构建是将组织细胞中的 mRNA 经过反转录合成 cDNA，后者被克隆进入质粒或噬菌体载体，转化宿主细胞后可获得克隆群体。

本节应用一种转录组测序技术 SMART-seq 成功构建了白桦形成层 cDNA 文库,对系统研究白桦木材形成机理具有重要意义。

1.2.1　材料与方法

1. 材料

植物材料取自 2006 年 5 月,由东北林业大学林木育种基地内培植,取三年生白桦(*Betula platyphylla*)健康植株,剥去树皮及韧皮部,取形成层组织薄层及其周围组织,立刻用液氮冷冻,置于–70℃冰箱保存备用。

cDNA 合成试剂盒:Creator^TM SMART^TM cDNA 文库构建试剂盒(CLONTECH 公司);pDNR-LIB 载体(CLONTECH 公司);PCR 检测引物(M13 正向引物/M13 反向引物)[生工生物工程(上海)股份有限公司];抗生素:氯霉素(AMRESCO 公司)溶入乙醇,贮存浓度 34mg/mL,–40℃避光保存;LB 液体培养基:蛋白胨(Oxoid 公司)10g/L,酵母提取物(Oxoid 公司)5g/L,NaCl 10g/L,pH 7.0,121℃灭菌 20min,灭菌后 4℃保存;LB/Cap 琼脂平板:LB 液体培养基内添加琼脂 12g/L,pH 7.0,121℃灭菌 20min,灭菌后冷却至 60℃左右加入氯霉素(Cap)(终浓度 34μg/mL),铺平板;RNA 提取缓冲液(2×SDS):2% SDS,0.01mol/L 硼砂-盐酸(pH 8.5),50mmol/L 乙二胺四乙酸(EDTA),1.6mol/L NaCl,2% β-巯基乙醇;DNA 酶 I(DNase I)(Promega 公司);CHROMA SPIN-400 离心柱(Omega Bio-Tek 公司);TaKaRa Taq^TM[宝生物工程(大连)有限公司];琼脂糖(Biowest 公司);溴化乙锭(EB)染色液(北京索莱宝科技有限公司);上样缓冲液(Amersham Biosciences 公司)。

2. 方法

试验流程如图 1-3 所示。

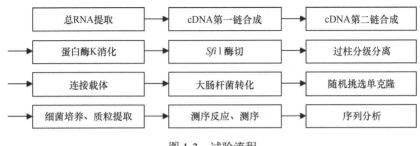

图 1-3　试验流程

白桦形成层总 RNA 提取采用改良的 SDS 聚丙烯酰胺凝胶电泳(SDS-PAGE)

法，提取的总 RNA 加入 DNase I 去除 DNA，取少量 RNA 采用 0.8%琼脂糖凝胶电泳检测其质量，用紫外分光光度计进行纯度检测及定量。cDNA 第一链和第二链的合成采用 Creator™ SMART™ cDNA 文库构建试剂盒，具体反应体系及反应条件参见说明书。反应产物利用蛋白酶 K 消化，45℃保温 30min，然后利用酚氯仿抽提法纯化。纯化产物利用 *Sfi*I 消化，50℃温育 3h，反应完成后，加入 2μL 1% 二甲苯腈蓝，混合均匀。利用 CHROMA SPIN-400 离心柱进行 cDNA 片段的分级分离，每管取 3μL 收集液，利用 1.1%的琼脂糖/EB 凝胶电泳（在旁边加入 DL2000 DNA Marker）收集并合并长度大于 500bp 的片段；加入 1/10 体积乙酸钠（3mol/L；pH 4.8）、1.3μL 糖原质（20μg/μL）及 3 倍体积的无水乙醇；–70℃放置过夜，14 000r/min 室温离心 20min，收集沉淀，让沉淀颗粒气干 10min，加 7 μL 去离子水重悬并轻轻混匀。将片段与 pDNR-LIB 载体连接，16℃保温过夜。连接反应结束后，各取 0.2μL 用于 PCR 检测，反应结束后利用电泳检测连接效果。利用冻融法将连接产物转化大肠杆菌感受态细胞，铺平板进行菌落培养。随机挑取单菌落，利用菌液 PCR 进行插入片段长度检测。检测合格后，从平板上挑取单菌落接种于 96 孔深孔板，摇床转速 220r/min，37℃过夜培养（14h）。每孔吸取 50μL 的菌液至 96 孔 PCR 板，加入 50μL 灭菌处理的 50%甘油，用膜封口，略振荡混匀，–40℃ 保存。利用碱裂解法进行小量质粒的提取；制备琼脂糖 0.8%的凝胶，取 3μL 模板，加 0.5μL 上样缓冲液，上样。设置标准质量的 λDNA；设置电压 120V、电泳时间 1.5～2h，检测模板的浓度及质量，确定测序反应模板用量，剩余的模板置于–40℃ 保存。随后进行预测序 PCR，将 PCR 产物进行纯化，将纯化 DNA 溶于 10μL 的 MegaBACE 上样缓冲液中，剧烈振荡 10～20s 以确保沉淀完全溶解，稍微离心以使样品聚集在 96 孔板的底部，同时去除气泡。该溶液作为测序模板置于–20℃备用。

1.2.2　文库构建及质量分析

1. RNA 质量检测

采用改进的 SDS 法提取了白桦形成层组织总 RNA，以琼脂糖凝胶电泳检测，结果如图 1-4 所示，总 RNA 28S rRNA 和 18S rRNA 的条带清晰，且 28S rRNA 亮度明显高于 18S rRNA，达到了 1.8∶1。说明总 RNA 完整，无降解，质量满足 cDNA 的合成要求。经过紫外分光光度检测，RNA 的 A_{260}/A_{280} 值在 1.8～2.1，证明所获得的 RNA 纯度较高。

2. 双链 cDNA 的合成及纯化

将去除 DNA 的总 RNA 利用反转录酶进行第一链 cDNA 的合成，然后利用

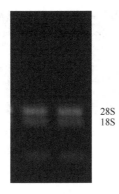

图 1-4　白桦形成层组织总 RNA 的电泳检测

PCR 技术合成双链 cDNA。通过琼脂糖凝胶电泳检测（图 1-5）可以看出，所合成的双链 cDNA 的长度大多集中在 500bp 以上，说明合成效果较好，满足建库的需要，可以进行下一步试验。

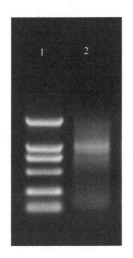

图 1-5　cDNA 第二链的电泳检测

泳道 1：DL2000（自上而下：2000bp、1000bp、750bp、500bp、250bp、100bp）；泳道 2：双链 cDNA

3. 插入片段的长度检测及文库重组率测定

插入片段长度和文库重组率是衡量文库质量的重要指标之一，因此在文库转化平板后，随机挑取单克隆，37℃液体培养后，进行 PCR 检测，0.8%琼脂糖/EB 凝胶电泳结果如图 1-6 所示。文库的平均插入片段长度为 1.0kb，平均重组率约为 98%。说明所构建的文库质量符合要求。

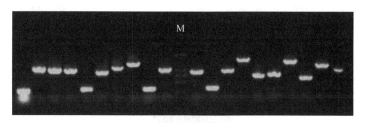

图 1-6　文库插入片段的 PCR 检测

M：DL2000 DNA Marker。除 Marker 外，各泳道代表随机选择的文库插入片段

4. 讨论

　　提取高质量的 RNA 是进行 cDNA 文库构建、Northern 杂交分析、qRT-PCR 等分子生物学研究的基础。白桦树皮组织中含有大量的次生代谢物和糖类，RNA 提取比较困难，因此本研究采用了一些改良的方法来获取高质量的 RNA。最初用 CTAB 法提取的 RNA，虽然纯度和质量都较高，但是样品褐化严重，RNA 得率较低。因此本研究采用了改良的 SDS 法来提取白桦形成层的 RNA。

　　白桦细胞内含有大量多糖等次生代谢物质，使得白桦 RNA 的提取相对于其他植物材料要困难得多。多糖的污染是提取植物 RNA 时常遇到的棘手问题。Fang 等（1992）认为缓冲液中含有高浓度的 NaCl 有助于去除多糖。Chang 等（1993）在提取松树 RNA 时，缓冲液中 NaCl 的浓度为 2.0mol/L 和 1.0mol/L，通过氯仿抽提和乙醇沉淀将 RNA 与多糖分离。本研究使用改良的 SDS 法，在提取缓冲液中使用了浓度为 1.6mol/L 的 NaCl，在一定程度上去除了多糖。

　　如果提取缓冲液中含有三羟甲基氨基甲烷-硼酸（Tris-硼酸）（pH 7.5），其中的硼酸可以与酚类化合物依靠氢键形成复合物，从而抑制酚类物质的氧化及其与 RNA 的结合。这一方法十分有效，所以 López-Gómez 和 Gómez-Lim（1992）在提取缓冲液中不再加入其他还原剂。Schneiderbauer 等（1991）、李宏和王新力（1999）用–70℃的丙酮抽提冷冻研磨后的植物材料，可以有效地从云杉、松树、山毛榉等富含酚类化合物的植物材料中分离到高质量的 RNA。本研究综合采用了以上方法，一定程度上解决了白桦 RNA 提取过程中的褐化问题。获得了较高质量的白桦形成层总 RNA。所构建的 cDNA 文库质量符合下一步分析的需要。

1.2.3　小结

　　本研究改良的白桦 RNA 的提取方法，利用高盐的 SDS 进行 RNA 提取，用 LiCl 进行 RNA 沉淀，可以有效地抑制褐化并减少多糖污染。提取的 RNA 经过纯化后，进行 cDNA 第一链和第二链的合成，结果说明，合成的 cDNA 长度平均在 1.0kb，质量良好，满足 cDNA 文库构建的要求。

本研究还构建了白桦形成层组织的 cDNA 文库，该文库的平均插入片段长度为 1.0kb，平均重组率约为 98%。文库质量合格，可以用于进一步的分析，研究白桦木材形成过程中基因的表达情况。

1.3　白桦形成层基因表达分析

EST 是从特定组织来源的 cDNA 文库中克隆得到的部分 cDNA 序列，因此，EST 是了解基因表达的"窗口"，可代表生物体某种组织某一时间的一个表达基因，故被称为"表达序列标签"。利用 EST 技术分析得到的基因主要有三种：第一是已知基因，是人们已鉴定和了解的基因；第二是以前发现但功能未经鉴定的基因，但根据组织发育特点可以推测该基因的功能；第三是未知基因，即该基因在数据库中无同种或异种基因的匹配。所以利用 EST 技术不但可迅速地确定部分基因的功能，而且为推测未知功能基因和发现新的基因提供了重要基础。

1.3.1　材料与方法

1. 材料

本研究取东北林业大学林木育种基地内培植的三年生白桦形成层组织薄层及其周围组织，构建形成层 cDNA 文库。从文库随机挑选克隆进行测序，获得代表形成层组织表达基因的 EST。

2. 方法

1）序列处理及 GenBank 数据库提交

将获得的序列去除空载体、低质量序列及小于 100bp 的序列，而后将这些无重复的单一序列提交 GenBank 的 dbEST 数据库。

2）序列编辑与分析

对 EST 进行重叠群（contig）拼接，判断所有 EST 序列最终代表了多少个单一基因（unigene）。一个单序列（singlet）为与其他 EST 序列无法拼接的序列（即代表一个单一基因），同时可解释为该基因表达丰度为 1；contig 是将所有具有同一性或具重叠部分的 EST 拼接在一起，代表一个单一基因，contig 中的 EST 数目即代表该基因的表达丰度。

使用蛋白质序列比对（BlastX）程序将处理后的 EST 序列在蛋白质水平上与美国国立生物技术信息中心（National Center for Biotechnology Information，NCBI）非冗余蛋白数据库（non-redundant protein database）进行同源性比较。根据约束条件，提取注释信息。注释内容包括 contig（或 singlet）的名称、长度、所含 EST 的数目及名称、匹配序列的功能注释，匹配碱基的数目，所比基因的长度、匹配率、分值及 E 值等。序列对齐分值（score）大于 80 且序列同一性大于 35% 的搜索结果认为有生物学意义上的显著相似性。挑取其中分值最高的蛋白质作为 EST 最有可能的翻译产物。对于 BlastX 程序比对分值小于 80 的序列在氨基酸水平上使用核酸序列比对（BlastN）程序进行同源性分析，序列对齐分值大于 150、序列同一性大于 65% 的条件下被认为有生物学意义上的高度同源性。对于 BlastN 和 BlastX 程序比对都没有注释结果的序列及其搜索阈值满足 E 值 $>10^5$ 的 EST 认为是可能的新基因片段。将 BlastX 结果中的 E 值 <1 的序列进行基因功能分类（Bohnert et al.，2001）。

1.3.2 文库的基本特征

对白桦形成层 cDNA 文库克隆进行测序，获得的 EST 去掉空载体、载体序列和插入片段小于 100bp 的序列，最终共获得 2878 条高质量 EST 序列，将全部序列提交 GenBank，接受号为：FG065166-FG068043。用 Phrap 程序对获得的 EST 进行 contig 拼接，得到 1540 条 unigene，其中包含 355 个 contig 和 1185 个 singlet，冗余度为 53.51%。主要数据参数如表 1-1 所示。

表 1-1　白桦形成层 cDNA 文库 EST 的基本特征

一般特征	数量
分析的总 EST 数量	2878
平均片段长度（bp）	342
总 contig 大小（bp）	550 609
单一基因数量	1540
contig 数量	355
singlet 数量	1185
比对非冗余蛋白数据库（NR 数据库）的 EST 总数	2290
比对 NR 数据库的单一基因总数	1121
冗余度 [a]（%）	53.51

a 冗余度 = 在集群中组装的 EST 数量/总 EST 数量

文库中 EST 的数量可以显示所代表的基因表达的拷贝数，一个基因的表达次数越多，其相应 cDNA 克隆就越多，所以通过对 cDNA 克隆的测序分析可以了解基因的表达丰度。对文库中 EST 序列基因表达丰度的统计结果表明：高丰度表达基因约占 EST 总数的 16.2%。从表 1-2 中列出的高丰度表达基因可以看出，其中热激蛋白（heat shock protein）、类细胞色素 P450_TBP（TATA-box binding protein，

TATA 框结合蛋白）和生长素抑制类蛋白（auxin-repressed like protein，ARP）在文库中表达丰度最高。由于这些基因的高丰度表达，推测它们可能在白桦形成层发育过程中起到重要作用。一些功能未知的基因在本文库中也具有较高的表达丰度，提示其在白桦形成层发育过程中也起到了重要的作用，有必要进一步研究来确定其功能。

表 1-2　文库中高丰度表达的基因

基因	EST 数量	百分率（%）	比对功能
FG067348	77	2.68	18.5kDa I 类热激蛋白
FG065912	74	2.57	类细胞色素 P450_TBP
FG067093	73	2.54	生长素抑制类蛋白
FG065768	47	1.63	18.5kDa I 类热激蛋白
FG067374	52	1.81	rRNA 内含子编码的回归型内切酶
FG066585	34	1.18	未命名的蛋白质产物
FG067606	33	1.15	预测蛋白
FG067058	29	1.01	无注释
FG066958	25	0.87	18S rRNA 基因
FG067722	22	0.76	细胞质 I 类小分子热激蛋白 HSP17.5

1.3.3　序列同源比较及功能分类

对白桦形成层文库的 EST 序列进行数据库的功能注释分析，其中 2290 条 EST（代表 1121 条单一基因）与数据库中的已知基因具有高度同源性，580 条 EST（代表 419 条单一基因）与已知基因没有同源性，这些基因可能是新基因，并可能和木材的形成相关。将已知基因按其功能分成 12 类（图 1-7）。由图可知，文库中控制蛋白质定位（protein destination）的基因表达量最高，占 16.09%；蛋白质合成（protein synthesis）类基因占 13.69%；功能未知（function unknown）基因和代谢（metabolism）类基因分别占 8.91% 和 7.85%；细胞生长、分裂（cell growth, division）类基因占 6.54%；细胞拯救、防御（cell rescue, defense）类基因占 6.33%；转录（transcription）类基因占 5.38%；转运促进（transport facilitation）类基因占 5.06%；信号转导（signal transduction）类基因占 4.81%；能量（energy）类基因占 3.11%；细胞结构（cell structure）类基因占 1.41%。

1.3.4　4 个物种形成区域文库数据比较

本研究将 4 种木本植物木材形成相关组织，即白桦形成层、杨树形成层

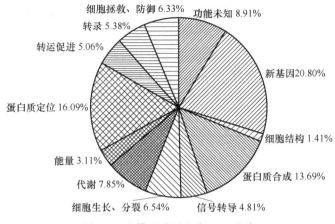

图 1-7　白桦形成层文库 EST 分类

（Sterky et al.，1998）、日本柳杉（*Cryptomeria japonica*）内表皮（Ujino-Ihara et al.，2000）和刺槐（*Robinia pseudoacacia*）（Yang et al.，2003）的形成层及内表皮的文库数据进行了比较，发现基因表达存在相似性，也存在差异（图 1-8）。

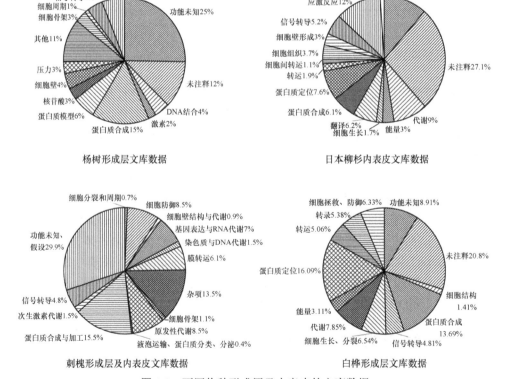

图 1-8　不同物种形成层及内表皮的文库数据

在 4 个文库中，涉及蛋白质合成和蛋白质定位的基因所占的比例非常高，信号转导、代谢、转录和细胞结构类基因的比例也非常相似。在白桦和日本柳杉文库间，能量代谢类基因比例也很相似。但是也存在着明显的不同，4 个文库中，胁迫相关类基因的比例为 3%～12%；白桦形成层文库中，细胞生长类基因的比例要比其他 3 个文库高；日本柳杉内表皮文库中转运类基因的比例要低于其他文库。

1.3.5　白桦木材形成相关基因及分类

功能注释表明，文库中一些 EST 可能与木材形成相关，这些基因的功能涉及形成层中表达的木质素生物合成、细胞壁结构构成、细胞壁多糖合成代谢或发育调节等（表 1-3），大约占总 EST 的 5.4%。这些基因可能和形成层发育及木材形成有关。

表 1-3　文库中包含的木材发育相关基因

推测功能	GenBank 序列号	冗余	E 值	比对物种
木质素生物合成				
肉桂醇脱氢酶	FG066116	2	8.00E-50	草莓（Fragaria × ananassa）
肉桂酰辅酶 A 还原酶	FG067429	1	2.00E-43	相思（Acacia mangium × A. auriculiformis）
4-香豆酸:辅酶 A 连接酶	FG067558	1	1.00E-123	白桦（Betula platyphylla）
咖啡酰辅酶 A-3-O-甲基转移酶	FG065499	1	1.00E-59	白桦（Betula platyphylla）
分泌型过氧化物酶	FG066499	1	8.00E-64	海榄雌（Avicennia marina）
漆酶	FG065181	1	5.00E-14	漆树（Rhus verniciflua）
细胞壁结构蛋白				
富脯氨酸蛋白前体	FG067121	1	2.00E-14	大豆（Glycine max）
花粉抑制蛋白变体 3	FG065318	2	4.00E-61	欧榛（Corylus avellana）
抑制蛋白 3	FG067906	3	4.00E-60	葎草（Humulus scandens）
PRP1 mRNA，完整的编码区（CDS）	FG065193	2	3.00E-08	欧洲栗（Castanea sativa）
PRP1 mRNA，完整的 CDS	FG066737	1	3.00E-08	欧洲栗（Castanea sativa）
富甘氨酸蛋白	FG065463	1	1.00E-17	拟南芥（Arabidopsis thaliana）
α 微管蛋白	FG067376	1	6.00E-58	垂枝桦（Betula pendula）
细胞壁多糖相关酶				
扩展蛋白	FG066146	1	1.00E-65	桃（Prunus persica）
GDP-D-甘露糖-4,6-脱水酶	FG067243	1	7.00E-44	拟南芥（Arabidopsis thaliana）
β-1,3-葡聚糖酶类蛋白	FG067384	1	6.00E-18	拟南芥（Arabidopsis thaliana）
碱性纤维素酶	FG067909	1	8.00E-58	甜橙（Citrus sinensis）
蔗糖合酶	FG067561	1	5.00E-22	拟南芥（Arabidopsis thaliana）

推测功能	GenBank 序列号	冗余	E 值	比对物种
细胞壁多糖相关酶				
内切-1,3-1,4-β-D-葡聚糖酶	FG066224	1	1.00E-21	油棕（Elaeis guineensis）
果胶裂解酶类蛋白	FG066422	1	2.00E-38	拟南芥（Arabidopsis thaliana）
果胶酯酶抑制剂	FG068020	1	3.00E-14	拟南芥（Arabidopsis thaliana）
推测的糖基转移酶	FG066626	1	2.00E-26	拟南芥（Arabidopsis thaliana）
糖基转移酶 6	FG066780	1	3.00E-12	拟南芥（Arabidopsis thaliana）
木葡聚糖内糖基转移酶	FG067091	2	5.00E-53	陆地棉（Gossypium hirsutum）
推测的木葡聚糖内糖基转移酶	FG067049	3	2.00E-50	拟南芥（Arabidopsis thaliana）
内切-1,3-1,4-β-D-葡聚糖酶	FG065297	1	2.00E-42	油棕（Elaeis guineensis）
内切-1,4-β-甘露糖苷酶蛋白 2	FG065431	1	2.00E-76	桃（Prunus persica）
糖基水解酶家族 17 蛋白	FG065441	1	3.00E-24	拟南芥（Arabidopsis thaliana）
葡萄糖基转移酶	FG065480	1	7.00E-28	烟草（Nicotiana tabacum）
内切-1,4-β-葡聚糖酶	FG065910	1	2.00E-40	豌豆（Pisum sativum）
β-1,4-木糖苷酶	FG066725	3	2.00E-10	拟南芥（Arabidopsis thaliana）
推测的内切-1,3-1,4-β-D-葡聚糖酶	FG067524	4	4.00E-43	稻（Oryza sativa）
发育调节				
生长素抑制类蛋白 ARP1	FG066838	17	1.00E-13	木薯（Manihot esculenta）
生长素抑制类蛋白 ARP1	FG067093	73	9.00E-41	木薯（Manihot esculenta）
细胞程序性死亡蛋白 6 类蛋白	FG067690	1	3.00E-15	巴西利什曼原虫（Leishmania braziliensis）
细胞分裂蛋白 FtsH 蛋白	FG066015	1	1.00E-55	稻（Oryza sativa）
生长素调节蛋白	FG066248	1	4.00E-10	百日菊（Zinnia elegans）
生长素响应因子 3	FG066115	1	1.00E-9	番茄（Lycopersicon esculentum）
AUX/IAA 蛋白	FG067365	2	8.00E-18	蒺藜苜蓿（Medicago truncatula）
生长素抑制蛋白 mRNA，完整的编码区	FG066870	1	1.00E-12	拟南芥（Arabidopsis thaliana）
生长素响应的 AUX/IAA 家族蛋白	FG067788	1	8.00E-08	油棕（Elaeis guineensis）
推测的发育蛋白	FG065803	3	6.00E-26	本氏烟草（Nicotiana benthamiana）
推测的茎特异蛋白 TSJT1	FG066538	1	7.00E-23	玉米（Zea mays）
MYB 转录因子 MYB178	FG065590	1	3.00E-43	大豆（Glycine max）
MYB 家族转录因子类	FG065604	1	6.00E-35	稻（Oryza sativa）
MYB 转录因子 MYB19	FG066160	1	4.00E-54	苹果（Malus × domestica）
MYB 转录因子 MYB9	FG066640	1	9.00E-23	苹果（Malus × domestica）
韧皮部特异蛋白	FG066135	1	5.00E-08	蚕豆（Vicia faba）
韧皮部钙调素依赖蛋白激酶	FG066156	1	7.00E-43	笋瓜（Cucurbita maxima）
韧皮部特异蛋白	FG065411	1	4.00E-07	蚕豆（Vicia faba）

1.3.6　白桦形成层表达相关基因文库特征分析

本研究构建了白桦形成层 cDNA 文库，获得了 2878 条高质量的 EST 序列，共代表 1540 条单一基因，其中近 80%在数据库中搜索到同源基因。这些基因的功能涉及蛋白质合成和蛋白质定位等 12 类，其中蛋白质合成和蛋白质定位类基因所占比例最高，约达到 30%，说明这项生理程序在白桦形成层中最为活跃（图 1-7）。有趣的是，一些光合作用相关基因，如光系统 I 反应中心亚基 X PsaK（FG065694）、光系统 II M 蛋白（FG067529）和叶绿素 a/b 结合蛋白（FG066542），也出现在本研究的文库中。白桦幼嫩内表皮呈现浅绿色说明光合系统可能在白桦皮中存在，因此光合作用相关基因的存在也不足为奇。到底光合作用是否发生，则需要进一步的研究来证实。

克隆木本植物形成层基因对研究木材形成来说具有非常重要的作用。由于基因文库是由形成层相关组织构建而来的，因此将本研究中文库的数据与杨树形成层（Sterky et al.，1998）、日本柳杉内表皮（Ujino-Ihara et al.，2000）和刺槐形成层及内表皮（Yang et al.，2003）等其他物种的形成层或内表皮区域基因文库进行比较，会发现很多相似的基因表达。比较的结果发现，在 4 个文库中，涉及蛋白质合成和蛋白质定位的基因所占的比例非常高，说明蛋白质代谢是木本植物形成层区域最为重要的生理过程。此外，4 个文库中，信号转导、代谢、转录和细胞结构类基因的比例也非常相似，说明这些生理程序的活性水平和作用在这些木本植物中是相似的。在白桦和日本柳杉文库间，能量代谢类基因比例也很相似，这个结果说明了物种间的相似性。但是也存在着不同，如 4 个文库中，胁迫相关类基因的比例从 3%到 12%；白桦文库中，细胞生长类基因的比例要比其他 3 个文库高；日本柳杉文库中转运类基因的比例要低于其他文库。这些基因表达的差异可能反映了物种间形成层内的不同生理过程。

1.3.7　小结

本研究构建了白桦形成层及其周围组织的 cDNA 文库，通过测序，获得了 2878 条高质量的 EST 序列。对白桦形成层文库的 EST 序列进行数据库的功能注释分析，其中 2290 条 EST（代表 1121 条单一基因）与数据库中的已知基因具有高度同源性，580 条 EST（代表 419 条单一基因）与已知基因没有同源性，这些基因可能是和木材的形成相关的新基因。对已知基因按其功能分成 12 类：文库中控制蛋白质定位的基因表达量最高，占 16.09%；蛋白质合成类基因占 13.69%；功能未知基因和代谢类基因分别占 8.91%和 7.85%；细胞生长、分裂类基因占 6.54%；细胞拯救、防御类基因占 6.33%；转录类基因占 5.38%；转运类基因占 5.06%；信号转导类基因占 4.81%；能量类基因占 3.11%；细胞结构类基因占 1.41%。对这些基因 EST 进行分析表明，文库中一些 EST 可能与形成层发育及木材形成有关，这些基因的功能涉及形成层中表达的木质素生物合成、细胞壁结构构成、细胞壁多糖合成代谢或发育调节等，占总 EST 的 5.4%左右。

1.4　白桦木材形成相关基因季节性表达分析

为了研究白桦木材形成层发育过程中，一个季节不同发育时期内，木质素生物合成、细胞结构构成及细胞壁内多糖合成代谢等基因的表达情况，以期鉴定这些基因在木材发育过程中所起的作用，本研究选择了14条白桦木材形成相关基因，利用 Northern 印迹法和 qRT-PCR 进行表达分析。

1.4.1　材料与方法

1. 材料

以东北林业大学林木育种基地内，相同立地条件下，同龄的、具有相同基因型的 10 株白桦为材料，研究一个生长季内不同发育时期形成层内木材形成基因的表达变化。10 个样本分别采自 2007 年 4 月 26 日、5 月 11 日、5 月 26 日、6 月 11 日、6 月 27 日、7 月 14 日、7 月 30 日、8 月 16 日、8 月 30 日和 9 月 18 日。剥去表皮和韧皮部，取形成层附近相关组织薄层，立即置于液氮中处理，−80℃保存备用。

2. 目标基因和内参基因的引物设计

对于 cDNA 文库中获得的木材形成相关基因的 EST 序列，根据序列信息，遵照 Northern 印迹杂交和 qRT-PCR 引物要求设计引物。引物序列见表 1-4。

表 1-4　表达分析引物

基因名	GenBank 序列号	正向和反向引物序列
		Northern 印迹杂交引物
CAD	FG066116	5'-ATTGCGGTATATGCCACTCC-3', 5'-ATATCTCAAGGGGCTGTAAAC-3'
CCoAOMT	FG065499	5'-TACTCAGAGACCAGAAAACC-3', 5'-GCTCGTAGTTTTCTCTGTTG-3'
4CL	FG067558	5'-CTGCCAACCCTTTCTGCAC-3', 5'-AACGAAACAATCTCAAACTTGG-3'
ARP1	FG067093	5'-TGGAAGGAGAGGGAAGCAAG-3', 5'-AGTCGTAGACAGTAGGAGAG-3'

续表

基因名	GenBank 序列号	正向和反向引物序列
		qRT-PCR 引物
CCR	FG067429	5′-GAGTGGGATGGCGACGGAG-3′, 5′-AGCCTTTGACGGCGGAGACG-3′
SUS	FG067561	5′-AGAGGTGCTTTGCCCAGTAC-3′, 5′-ATCTGTAGGGGTTGATGGAC-3′
CEL	FG067909	5′-TTGTGGGTTTAGCAAATACC-3′, 5′-CGTGGAGGTCAAACTCTGG-3′
GLT	FG065480	5′-GGTAAACCTTGGTAGAAAGC-3′, 5′-AGCATAAGAACACCACGGATG-3′
EXP6	FG066146	5′-CTTAATCACGGCCACCAACT-3′, 5′-CGTTTGTCACCAGAACCAGG-3′
PMEI	FG068020	5′-CTTTGCGTTCACTCTCTTTC-3′, 5′-TGTCACCCAAATTCTCTATGC-3′
POD	FG066499	5′-AGGAACTTTAGGCACATCG-3′, 5′-AGATGCTCTCATTGTGGTC-3′
EGase	FG067524	5′-TCGCCATCCTTCTCATCTCT-3′, 5′-ACTGACTTTGCCTCCTCCAC-3′
PRP	FG067121	5′-CCAGATGTCAACTGCTTCCA-3′, 5′-AAATGGGCTGTGAAAGATGC-3′
XET	FG067049	5′-TAGTGGTGGGTCTGGCGAGC-3′, 5′-GCCCAGGAACTCAAAATCAA-3′

注：CAD. 肉桂醇脱氢酶；CCoAOMT. 咖啡酰辅酶 A-*O*-甲基转移酶；4CL. 4-香豆酸:辅酶 A 连接酶；ARP1. 生长素抑制类蛋白；CCR. 肉桂酰辅酶 A 还原酶；SUS. 蔗糖合酶；CEL. 纤维素酶；GLT. 葡萄糖基转移酶；EXP. 扩展蛋白；PMEI. 转化酶/果胶甲酯酶抑制因子家族蛋白；POD. 过氧化物酶；EGase. 内切-1,3-1,4-β-*D*-葡聚糖酶；PRP. 富脯氨酸蛋白；XET. 木葡聚糖内糖基转移酶

3. qRT-PCR 检测

分别收集 10 株样树的形成层组织，提取总 RNA（方法同 1.2.1 节）。消化后反转录成 cDNA（方法同 1.2.2 节）。取反转录产物 1μL，稀释成 10μL，作为 RT-PCR 的模板进行 PCR 扩增。同时设 2 个阴性对照：水对照和消化后的总 RNA 为对照，目的是验证总 RNA 是否纯化干净及消除非特异性扩增。反应结束后通过 0.8%琼脂糖凝胶电泳检测 RT-PCR 结果。

4. Northern 印迹杂交

采用 PCR 扩增的方式进行地高辛探针标记。将提取的总 RNA 进行甲醛变性凝胶电泳，电泳结束后，即可在紫外灯下检测结果。利用 20×SSC（20 倍柠檬酸钠盐缓冲液）室温下转膜 4～6h 或 4℃过夜。转膜结束后，取下尼龙膜用 2×SSC 轻轻漂洗去除凝胶颗粒，置于紫外交联仪内交联。将印迹膜置于装有预杂交液的杂交瓶中

（每 100cm^2 膜 20mL 预杂交液），68℃预杂交至少 2h。将探针变性（探针一经变性，立即使用），用预杂交液稀释成设定浓度。将杂交瓶中预杂交液弃去，加入稀释好的含有探针的杂交液，在设定杂交温度（68℃）条件下杂交过夜。杂交膜取出后用 2×洗膜缓冲液室温下洗膜 2 次，每次 15min，除去非结合探针以减少背景。接下来用 0.5×洗膜缓冲液洗膜 2 次，每次 15min，洗膜温度 42℃，然后再在 0.1×洗膜缓冲液中洗膜 2 次，每次 15min，洗膜温度 68℃。杂交洗膜后，将膜置于洗膜缓冲液中平衡 2 次，每次 5min。将膜在封闭液中封闭 60min（封闭过程在摇床上轻轻摇动）。将 Anti-Dig-AP（结合有碱性磷酸酶的抗地高辛半抗原的抗体）用封闭液稀释（1∶10 000）。封闭好的膜于稀释好的抗体溶液中，浸膜至少 30min。用洗膜缓冲液缓慢洗膜 2 次，去除抗体溶液，每次 15min。在检测液中平衡膜 2 次，每次 2min，去除洗膜缓冲液。用检测缓冲液稀释 CSPD（化学发光碱性磷酸酶底物）（1∶100），进行发光底物处理。随后进行曝光，显影，定影，观察杂交结果。

5. 半定量反转录聚合酶链反应（sqRT-PCR）

检测中以 10 个不同发育时期的白桦形成层组织 cDNA 为模板，分别扩增 CCR、SUS、CEL、GLT、EXP6、PMEI、POD、EGase、PRP、XET 和内参基因 TUB。每个反应均设 3 次重复。sqRT-PCR 利用 TaKaRa 公司的 Ex Taq^{TM} 对待分析的基因进行 PCR 扩增，反应结束后，用 1%琼脂糖凝胶电泳对扩增结果进行分析。将每一基因扩增的 3 次重复按 10 个时间点分别进行电泳分析，观测其不同时间点的变化趋势；将变化趋势一致的 3 次重复样品进行混合；将混合样品按 10 个时间点进行电泳分析。根据内参基因 TUB 10 个时间点的电泳结果，按照电泳分析软件及 Quantity One 4.6.2 1-D 分析软件对其相对定量，通过调整点样量将 10 个时期的表达量调整为一致。记录 10 个时间点的相对上样量，按照此上样量对待分析基因进行电泳分析。将电泳结果利用 Quantity One 4.6.2 1-D 分析软件进行相对定量。

1.4.2 基因表达分析

为了研究白桦木材形成层发育过程中一个生长季不同发育时期内，木质素生物合成、细胞结构构成及细胞壁内多糖合成代谢等基因的表达情况，以期鉴定这些基因在木材发育过程中所起的作用，本研究选择了 14 个白桦木材形成相关基因，利用 Northern 印迹杂交和定量 PCR 进行这些基因的时序表达分析。这些基因包括：CAD、CCoAOMT、CCR、4CL、POD、SUS、CEL、GLT、EXP、PMEI、ARP1、EGase、PRP、XET。随着形成层的生长和成熟，在整个发育时期内基因的表达水平在发生变化。这些结果说明，这些基因的表达和形成层的发育存在着密切的关系（图 1-9）。

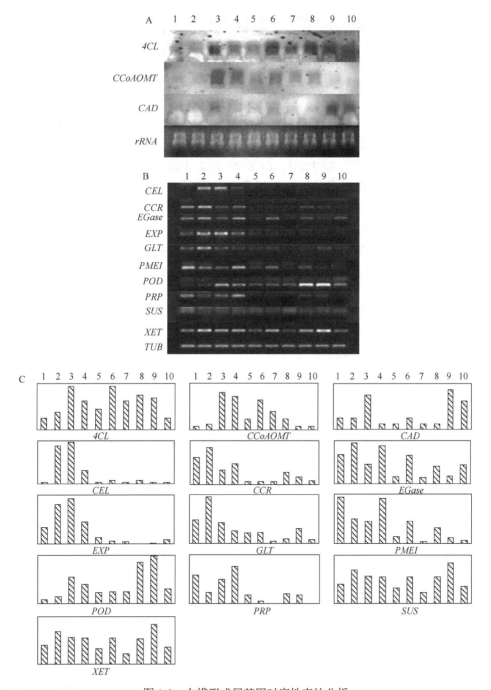

图 1-9　白桦形成层基因时序性表达分析

A. 利用 Northern 印迹法研究基因时序性表达；B. 利用 sqRT-PCR 研究基因时序性表达，以 *TUB* 基因作为内参；
C. sqRT-PCR 分析中基因的相对表达量，相对表达量利用电泳条带信号强度计算，利用 Quantity One 4.6.2 1-D 分析软件获得数据

1.4.3 白桦木材形成相关基因季节性表达特征分析

基因表达分析结果表明，在白桦木材形成过程中，有两个时期，即 4 月 26 日到 6 月 11 日和 7 月 30 日到 9 月 18 日，基因普遍具有较高的表达水平（图 1-9），说明这两个时期可能是白桦木材形成的重要时期。研究中，大部分基因在 4 月 26 日到 6 月 11 日表达量较高，而这些基因又是细胞壁形成的重要基因，所以 4 月末到 6 月初的这一段时间内可能是白桦的细胞壁形成的重要时期。7 月 30 日后，如 POD、CCR 和 XET 表达量升高，这些基因与细胞停止生长和细胞壁硬化相关。从而提示在这段时间，韧皮部细胞逐步停止生长并发生细胞壁的硬化。

在初生细胞壁形成的时期，细胞通过同步生长和嵌入生长来形成最终的形状（Siedlecka et al.，2008）。因此，维管形成层里能够大量表达编码细胞壁修饰酶类的基因，其中就包括 EXP、XET、CEL 和 PMEI（Mellerowicz and Sundberg，2008）。在本研究中，分离出一些代表细胞壁修饰酶类的基因，包括 XET（FG067049）和 CEL（FG067909）。通过 qRT-PCR 分析发现，形成层中 XET 和 CEL 基因在生长季的早期高度表达，也就是 6 月 11 日之前（图 1-9）。因此说明，它们的作用似乎是在初生生长阶段和细胞壁的扩展有关。

扩展蛋白（expansin）作为快速诱导细胞延伸的蛋白（Whitney et al.，2000），能够影响细胞伸长和塑性（Darley et al.，2001）。本研究中，XET 基因（FG067049）的表达有两个高峰区段，分别为 4 月 26 日到 6 月 11 日和 7 月 30 日到 9 月 18 日。但是 EXP（FG066146）和 CEL（FG067909）主要在早期（6 月 11 日前）表达（图1-9）。XET 的一个表达高峰也在这个时期，说明细胞壁弹性化和延展主要发生在早期阶段。

PRP 这一类结构蛋白在细胞延伸扩展停止后的细胞壁硬化和木质部分化方面起到重要作用（Darley et al.，2001；Bao et al.，1992）。本研究的文库中分离出了代表 PRP（FG067121）的 EST，并对它进行了表达分析（图 1-9）。PRP 在 6 月 11 日前有较高的表达水平，说明它在木材形成的早期阶段起作用。在生长阶段的早期（4 月 26 日至 6 月 11 日），EXP 和 PRP 呈现相反的表达趋势（图 1-9）。当扩展蛋白的表达量升高时，PRP 在相对较低的表达水平（5 月 11 日至 26 日）。当扩展蛋白的表达量下降时，PRP 的表达量升高（6 月 11 日）。这种相反的基因表达趋势可能证明，扩展蛋白与细胞的扩展延伸紧密相关，而 PRP 基因与建立细胞壁的强度和细胞生长停止后的细胞壁硬化有关。

木本植物细胞壁主要由纤维素组成。纤维素生物合成机制包括糖基转移酶将数千的葡萄糖残基合并成长链的程序（Paux et al.，2004）。本研究分离了一条编码葡萄糖基转移酶的基因 GLT（FG065480）。在杨树的研究中显示，PoGT47C（杂交杨糖基转移酶 47C，*Populus alba × tremula* glycosyltransferase 47C）在木材形成时的木聚糖合成中起作用（Zhou et al.，2006）。而 *PoGT47C*、*PoGT8D* 和 *PoGT43B* 基因在次生壁增厚时表达（Zhou et al.，2007）。纤维素高聚分子被纤维素酶水解，然后转化为 1,4-β-葡聚糖，1,4-β-葡聚糖被转移到另外的纤维素合成蛋白来延伸另外一条纤维素链（Hertzberg et al.，2001；Paux et al.，2004）。研究表明，在杨树中过表达分泌性纤维素酶基因 *AtCel1* 会导致植物增高、叶片增大、茎增粗，提高木材材积、干重和纤维素半纤维素的比例（Shani et al.，2004）。本研究中，qRT-PCR 结果显示，*GLT*（FG065480）和 *CEL*（FG067909）在 6 月 11 日前大量表达（图 1-9），说明该阶段纤维素合成比较活跃。

　　木质素是次生壁中富集量排在第二位的多聚体（Paux et al.，2004），是植物中具有重要生理功能的复合多聚体。木质素的生物合成和沉积是木材形成的重要程序。遗传介导的木质素沉积量或组成的改变，对木材工业有很多有益的作用，包括制浆、造纸和纤维质生物燃料的生产（O'Connell et al.，2002；Baucher et al.，2003）。本研究在 EST 数据中找到了木质素生物合成相关基因，其中包括 *CAD*（FG066116）、*4CL*（FG067558）、*CCoAOMT*（FG065499）和 *CCR*（FG067429）。表达分析的结果表明，这些基因的表达在整个研究期内都在发生变化（图 1-9），说明木质素的生物合成能力在该时期内也在发生变化。*4CL* 基因在苯丙烷类代谢过程中，在产物特异性生物合成途径的完成中起关键作用（Hauffe et al.，1993）。Hu 等（1999）发现抑制 *4CL1* 表达的转基因白杨木质素含量降低 45%，相应地，纤维素含量提高了 15%。CCoAOMT 催化咖啡酰辅酶 A 残基的甲基化（Paux et al.，2004），在木质素生物合成中也起着重要作用（Martz et al.，1998）。反义表达 *CCoAOMT* cDNA 能引起转基因烟草木质素含量的降低（Zhao et al.，2005）。本研究中，从 5 月 26 日到 8 月 16 日，*4CL*（FG067558）和 *CCoAOMT*（FG065499）有着较高的表达水平（图 1-9），说明在这一时期，木质素生物合成活性较高。

　　CCR 负责将各种羟基肉桂酰 CoA 最终还原成各种木质素单体，将苯丙烷类代谢转向木质素合成。以往研究发现，小麦茎秆中有一个 *CCR* 基因高度表达，随着木质素生物合成和茎秆成熟，该酶的活性不断提高（Ma，2007）。转基因植物通过 RNAi 抑制 *CCR* 基因的表达也表现出木质素含量的降低（van der Rest et al.，2006），说明该基因与木质素合成相关。本研究中，*CCR* 基因（FG067429）在生长的早期阶段表达量较高（6 月 11 日之前）（图 1-9），说明这个时期可能是木质素单体合成的主要时期。

　　过氧化物酶（POD）和漆酶能够聚合木质素单体（Kim et al.，2000；Hertzberg et al.，2001）。本研究的文库中获得了代表漆酶（FG065181）和过氧化物酶（FG066499）的 EST，并对白桦形成层中 *POD* 的表达进行了分析。*POD* 基因在生长周期晚期（8 月 16 日和 30 日）的组织中表达量最高（图 1-9）。这种表达量在晚期升高的现象可能与木材生长停止有关。研究显示，POD 活性升高会导致植物生长停止和细胞壁硬化（Tan et al.，1992）。生长阶段晚期过氧化物酶的高表达量说明 *POD*（FG066499）基因可能在白桦木质素单体聚合的程序中和随后的细胞壁硬化中起作用。

吲哚乙酸（IAA）控制生长素响应基因的表达，从而调节植物生长和发育的进程（Ulmasov et al.，1997；Rouse et al.，1998）。本研究在 EST 中发现了一些生长素响应因子，如生长素调节蛋白（FG066248）、生长素响应因子 3（FG066115）、AUX/IAA 蛋白（FG067365）和生长素响应的 AUX/IAA 家族蛋白（FG067788）（表 1-3），说明这些基因在白桦形成层组织中表达并可能在木材形成过程中起重要作用。

综上，本研究对木材形成过程中的相关基因进行了发育过程的表达分析，这些数据为我们在分子水平了解木材发育提供了资料，对我们利用遗传工具来改良经济用材的木材品质具有重要作用。

1.4.4　小结

本节研究了 14 个与木材形成相关的基因在白桦发育不同时期的时序表达。结果表明，这些基因在白桦发育不同时期产生了明显的表达差异，提示这些基因分别在白桦的不同发育时期起作用。表达分析结果表明，在白桦木材形成过程中，4 月 26 日到 6 月 11 日和 7 月 30 到 9 月 18 日这两个时期，基因的表达量明显增加，提示这两个时期可能是白桦木材形成的重要时期。研究中细胞壁形成、细胞壁扩展及纤维素和木质素的合成相关的基因在 4 月 26 日到 6 月 11 日间表达量较高，说明这一段时间内可能是白桦的细胞壁形成及木质素合成的重要时期。7 月 30 日后，如 *POD*、*CCR* 和 *XET* 表达量升高，这些基因与细胞停止生长和细胞壁硬化相关。从而提示在这段时间，韧皮部细胞逐步停止生长并发生细胞壁的硬化。

1.5　编码区全长基因的生物信息学分析

利用分子生物学手段来调控木材形成过程、改良木材品质、培育优良材性的林木，首先就需要有充分的物质基础，其中之一就是木材形成过程中起重要作用的相关基因。全长基因序列的获得，为进一步研究木材形成机理和利用这些基因奠定了基础。本研究构建了全长 cDNA 文库，选取了其中的两条木质素合成和一条细胞壁形成过程中的关键性基因：*CCoAOMT*、*CCR* 和 *XET*，通过生物信息学方法对基因的序列特征、蛋白质性质及与其他物种的同源性进行分析。

1.5.1　材料与方法

1. 材料 ORF

取白桦树干，剥去表皮和韧皮部，取形成层组织薄层及其周围组织，提取总 RNA，构建形成层组织 cDNA 文库。随机挑取阳性克隆进行测序获得 EST序列。

2. 方法

将测序获得的 EST 序列用 BlastX 程序进行序列同源性搜索，确认其为全长基因；将全长序列应用 NCBI 的 ORF finder 程序确定开放阅读框（ORF）；应用 Pfam2.0（http://pfam.xfam.org/）程序中的蛋白质搜索（Protein search）对该基因进行家族预测，对该基因推导的氨基酸序列用 BlastP 程序查找蛋白质保守区；利用ProtParam 软件（http://web.expasy.org/protparam/）计算蛋白质的分子量和理论等电点；应用 expasy 在线软件（https://web.expasy.org/protscale/）以默认算法（Hphob./Kyte&Doolittle）对该蛋白质的疏水性进行预测；用 TMHMM 2.0（http://www.cbs.dtu.dk/services/TMHMM/）进行跨膜区预测；用信号肽预测程序SignalP 3.0（http://www.cbs.dtu.dk/services/SignalP/）预测蛋白质的信号肽及可能的切割位点；用 Blast 程序寻找相似性序列后，选择与其相似性高的不同植物的同一蛋白质的氨基酸序列，用多序列联配程序 ClustalX1.83 进行多序列比对。

1.5.2　木材形成相关基因生物信息学特征

本研究获得了 17 条与木材形成相关基因的全长 cDNA 序列，如表 1-5 所示。

表 1-5　从白桦形成层文库中获得的全长材性相关基因

功能	GenBank 序列号
木质素生物合成	
肉桂酰辅酶 A 还原酶	FG067429
4-香豆酸:辅酶 A 连接酶	FG067558
咖啡酰辅酶 A-3-*O*-甲基转移酶	FG065499
细胞壁结构蛋白	
花粉抑制蛋白变体 3	FG065318
抑制蛋白 3	FG067906
富甘氨酸蛋白	FG065463

续表

功能	GenBank 序列号
细胞壁多糖相关酶	
GDP-*D*-甘露糖-4,6-脱水酶	FG067243
果胶酯酶抑制剂	FG068020
木葡聚糖内糖基转移酶	FG067091
推测的木葡聚糖内糖基转移酶	FG067049
内切-1,4-β-甘露糖苷酶蛋白 2	FG065431
推测的内切-1,3-1,4-β-*D*-葡聚糖酶	FG067524
发育调节	
生长素抑制类蛋白 ARP1	FG067093
生长素抑制蛋白 mRNA，完整的编码区	FG066870
推测的发育蛋白	FG065803
韧皮部特异蛋白	FG066135
韧皮部特异蛋白	FG065411

1. 肉桂酰辅酶 A 还原酶（CCR）

1）肉桂酰辅酶 A 还原酶基因的 ORF 分析

通过 EST 分析，获得了肉桂酰辅酶 A 还原酶含完整 ORF 的 *CCR* 基因 cDNA 序列，对该基因的 ORF 分析结果如图 1-10 所示。

通过六框翻译，找到了 *CCR* 基因的开放阅读框，该基因 cDNA 编码区序列自 22 位的 ATG 起，止于 993 位的 TGA，全长 972bp（图 1-10）。3′端非翻译区（3′UTR）258bp，5′UTR 21bp。开放阅读框编码由 323 个氨基酸残基组成的多肽。氨基酸序列的分子量为 35.4kDa，理论等电点为 5.35，因此蛋白质为酸性蛋白质。负电荷残基（Asp+Glu）数为 40，正电荷残基（Arg+Lys）数为 31 个。不稳定系数为 29.28，因此 CCR 蛋白为稳定的蛋白质。

2）肉桂酰辅酶 A 还原酶蛋白家族预测

利用 NCBI 的 CDS 序列寻找保守区，结果表明白桦 *CCR* 基因有一个保守区（图 1-11、图 1-12 和表 1-6），属于 NADB-Rossmann 超家族。该家族的直系同源簇（COG）分类为二磷酸核苷糖异构酶（COG0451），在膜外行使细胞膜生物合成功能，主要功能是碳水化合物的运输和代谢。罗斯曼折叠 NAD(P)(+)-结合蛋白是个大的家族蛋白，具有一个罗斯曼折叠 NAD(P)H/NAD(P)(+)结合域（NADB）。这个 NADB 参与脱氢酶代谢途径（如糖酵解）和其他氧化还原作用。另外两个保守区，一个属于多糖生物合成蛋白，另一个属于 GDP-*D*-甘露糖脱水酶，与木质素生物合成有关。

```
1     GGG GGG AGC GGA GAG AGT GGG ATG GCG ACG GAG GGT GAG GTT GTG    45
                              M   A   T   E   G   E   V   V   8

46    TGC GTC ACC GGA GGC AGC GGC TGC ATT GGA TCC TGG CTC GTC CGT    90
9      C   V   T   G   G   S   G   C   I   G   S   W   L   V   R      23

91    CTC CTT CTC GAC CGT GGC TAC ACC GTC CAC GCC ACC GTC CAA GAT   135
24     L   L   L   D   R   G   Y   T   V   H   A   T   V   Q   D      38

136   CTC AAG GAC GAG AGT GAA ACG AAG CAC CTA GAA TCC CTT GAA GGT   180
39     L   K   D   E   S   E   T   K   H   L   E   S   L   E   G      53

181   GCT GAG ACT CGC CTC CGT CTC TTC CAG ATC GAT CTC CTT GAC TAC   225
54     A   E   T   R   L   R   L   F   Q   I   D   L   L   D   Y      68

226   GGC TCC ATC GTC TCC GCC GTC AAA GGC TGC GCC GGA GTC TTC CAT   270
69     G   S   I   V   S   A   V   K   G   C   A   G   V   F   H      83

271   GTC GCC TCT CCC AAT ATC ATC CAT CAA GTC CCA GAT CCT CAG AAG   315
84     V   A   S   P   N   I   I   H   Q   V   P   D   P   Q   K      98

316   CAA CTT CTG GAC CCG GCG ATC AAG GGA ACT ATG AAT GTA CTG ACG   360
99     Q   L   L   D   P   A   I   K   G   T   M   N   V   L   T     113

361   GCG GCG AAG GAA AGT GGG GTG ACA CGT GTA GTG GTG ACA TCC TCG   405
114    A   A   K   E   S   G   V   T   R   V   V   V   T   S   S     128

406   ATG ATG GCC ATG ACT ACG AGC CCT AAT TTG CCA GAC GAC ATT GTT   450
129    M   M   A   M   T   T   S   P   N   L   P   D   D   I   V     143

451   GAG GCT GAG GAT TGC TGG ACC GAC ATT GAG TAC TGC AAA CAG AAG   495
144    E   A   E   D   C   W   T   D   I   E   Y   C   K   Q   K     158

496   GGA TTA TGG TAT CCG ATT TCT AAA ACA CTT GCC GAG AAA GCG GCT   540
159    G   L   W   Y   P   I   S   K   T   L   A   E   K   A   A     173

541   TGG GAT TTT TCC AAA GAG AAG GGT TTG GAT GTG GTG GTG GTG AAC   585
174    W   D   F   S   K   E   K   G   L   D   V   V   V   V   N     188

586   CCT GGG ATG GTG TTG GGC CCT GTT ATT CCT CCT AGA CTC AAC GCA   630
189    P   G   M   V   L   G   P   V   I   P   P   R   L   N   A     203

631   AGC ATG TTA TTG TTC TCT AAC CTT TTC CAG GGA AGC ACT GAA GCA   675
204    S   M   L   L   F   S   N   L   F   Q   G   S   T   E   A     218

676   CCT GAG GAC CTT TTT ATG GGA TAT GTG CAT TTT AAA GAT GTA GCC   720
219    P   E   D   L   F   M   G   Y   V   H   F   K   D   V   A     233

721   CTC GCA CAT ATC TTG GTG TAT GAG AAC AAA TCA GCA ACT GGA AGG   765
234    L   A   H   I   L   V   Y   E   N   K   S   A   T   G   R     248

766   CAC TTG TGT GTT GAA TCT GTA TCG AAT TAT AGT GAT TTG GTA GCA   810
249    H   L   C   V   E   S   V   S   N   Y   S   D   L   V   A     263

811   AAG ATT GCT GAA CTT TAC CCT GAA TAT AAG GTG CCA AGG TTG CCT   855
264    K   I   A   E   L   Y   P   E   Y   K   V   P   R   L   P     278

856   AAG GAT ACC CAA CCT GGG TTG TCG AGG GCG ACG CTT GGG TCC AAG   900
279    K   D   T   Q   P   G   L   S   R   A   T   L   G   S   K     293

901   AAG CTG ATG GAC TTG GGC TTA CAA TTC ATT CCG GTG GAG CAA ATT   945
294    K   L   M   D   L   G   L   Q   F   I   P   V   E   Q   I     308

946   ATC AAG GAA GCT GTT GAG AGT TTA AAG AGC AAG GGA TTT ATT TTT   990
309    I   K   E   A   V   E   S   L   K   S   K   G   F   I   F     323
```

图 1-10　基因序列及由此推导的氨基酸序列（一）

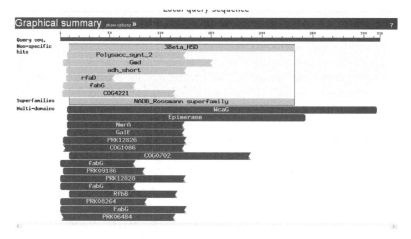

图 1-11 BlastP 程序推导的氨基酸序列的保守区预测（一）（彩图请扫封底二维码）

```
#HMM    *->iLVTGgtGfiGsaLvrrLleeGyevivlDvlgrrrrseslntvridhlyqidp....H.e.
#MATCH  +  VTGg+iGs Lvr+Ll++Gy+       v+++    +   d++++H e+
#SEQ    VCVTGGSGCIGSWLVRLLLDRGYT-----VHATVQDLK------------DEsetkHlEs
skt..prvefvegDltdpdalerllaevqPDaVihlAAqsgGvdasf.edpaefiraNvlgtlnLLeaarkagvegae
+ r ++++ Dl+d +++ +++++    V+h A    + + gt n+L aa++ gv
LEGaeTRLRLFQIDLLDYGSIVSAVKGC--AGVFHVASPN--IIHQVpDPQKQLLDPAIKGTMNVLTAAKESGV----
rkrfvfaSSasev..YGkvqagppitEttplt.egPlsPtNegYaaaKlagerlvlayaraGvygldavilRlfNvyGP<-*
+r+v +SS ++++ + ++++    E+ ++ e+    + Y ++K +e+ ++++ ++   gld+v++++ v GP
-TRVVVTSSMMAMttSPNLPDDIVEAEDCWTDiEYCKQKGLW-YPISKTLAEKAAWDFSKE--KGLDVVVVNPGMVLGP
```

图 1-12 蛋白质家族预测（一）（Protein search 程序）

表 1-6 基因的 Pfam 程序预测结果（一）

Pfam 程序	描述	条目类型	氨基酸序列 起始	氨基酸序列 终止	HMM 模型 起始	HMM 模型 终止	分值	E 值	拟合值	预测活性位点
表异构酶	NAD 相关的差向异构酶/脱水酶家族	家族	8	195	1	206	135	64.8	3.2E-16	苯丙氨酸

3）疏水区、跨膜区和信号肽预测

应用 ProtScale 程序，以默认算法（Hphob./Kyte＆Doolittle）对该蛋白质的疏水性进行预测，结果发现蛋白质的 N 端为较强的疏水区（图 1-13）。用 TMHMM 2.0 进行蛋白质序列的跨膜区分析（图 1-14），推测该基因可能没有跨膜区，主要是在膜外作用，这与保守区预测结果中 NADB-Rossmann 超家族主要在膜外进行细胞膜合成的结果相似。信号肽分析表明，该蛋白质具信号肽结构的可能性很低（图 1-15）。

4）不同物种多序列比对分析

对 *CCR* 基因进行 BlastX 程序比对分析，发现各物种间该基因的蛋白质序列相似度较高，选取 6 种植物的 CCR 蛋白序列进行 ClustalX 程序分析，结果如图 1-16 所示。

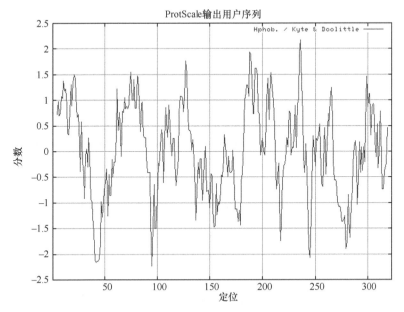

图 1-13　蛋白质的疏水性分析（一）（彩图请扫封底二维码）

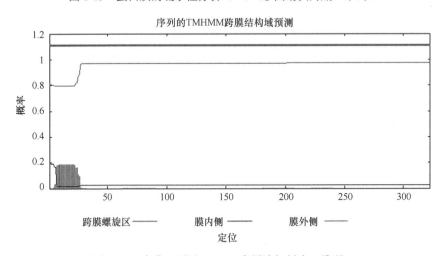

图 1-14　跨膜区预测（一）（彩图请扫封底二维码）

从图 1-16 中可以看出，除了前几个氨基酸不稳定外，各植物的 CCR 蛋白序列相对保守，这与蛋白质家族保守区预测的结果相似，该基因的大部分序列位于保守区内。

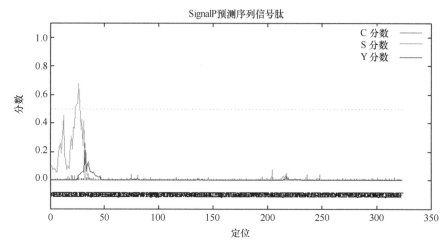

图 1-15 基因的信号肽预测（一）（彩图请扫封底二维码）

2. 咖啡酰辅酶 A-*O*-甲基转移酶（CCoAOMT）

1）咖啡酰辅酶 A-*O*-甲基转移酶的 ORF 分析

通过 EST 分析，获得了 *CCoAOMT* 基因含完整 ORF 框的 *CCoAOMT* 基因 cDNA 序列，对该基因的 ORF 分析结果如图 1-17 所示。

通过 ORF 六框翻译，找到了 *CCoAOMT* 基因的开放阅读框，该基因 cDNA 编码区序列自 81 位的 ATG 起，止于 824 位的 TGA，全长 744bp（图 1-17）。3′UTR 258bp，5′UTR 81bp。开放阅读框编码由 247 个氨基酸残基组成的多肽。氨基酸序列的分子量为 27.9kDa，理论等电点为 5.29，因此蛋白质为酸性蛋白质。负电荷残基（Asp+Glu）数为 35，正电荷残基（Arg+Lys）数为 27 个。不稳定系数为 33.98，因此 CCoAOMT 蛋白为稳定的蛋白质。

2）CCoAOMT 蛋白家族预测

利用 NCBI 的 CDS 序列寻找保守区，结果表明白桦 *CCoAOMT* 基因具有一个保守区，属于 NADB-Rossmann 超家族（图 1-18、图 1-19 和表 1-7）。这个家族的一个成员是 *O*-甲基转移酶（*O*-methyltransferase）。这个家族包括儿茶酚-*O*-甲基转移酶（catechol-*O*-methyltransferase）、咖啡酰辅酶 A-*O*-甲基转移酶（caffeoyl-CoA-*O*-methyltransferase），一个细菌 *O*-甲基转移酶家族和抗生素生产有关，而木本植物该家族的咖啡酰辅酶 A-*O*-甲基转移酶则与木质素合成有关。

利用 Pfam 程序预测基因所属蛋白质家族的结果如表 1-7 所示。

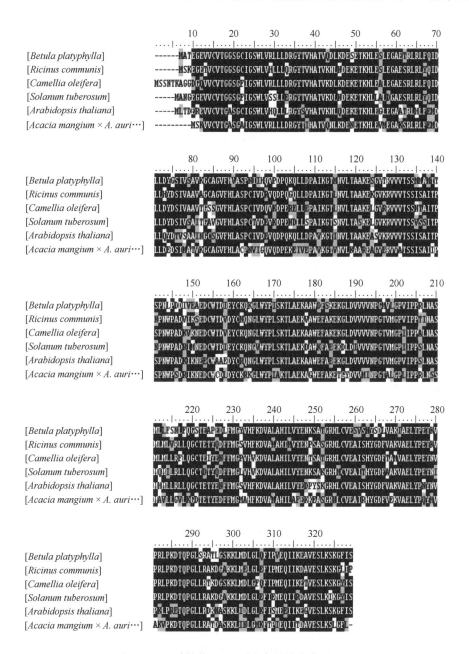

图 1-16 几种植物 CCR 蛋白序列的多序列比对

Betula platyphylla. 白桦；*Ricinus communis*. 蓖麻，EEF35783；*Camellia oleifera*. 油茶，ACQ41893；*Solanum tuberosum*. 马铃薯，AAT39306；*Arabidopsis thaliana*. 拟南芥，NP_200657；*Acacia mangium × A. auriculiformis*. 相思，AAY86360

| 3 | GGG AGG GTT GAC TGC TAA CGA CGA GGA GAA ATA CTC AGA GAC CAG | 47 |

| 48 | AAA ACC CAG AAG AAG AAA AAT CTT ACA GTA CTA ATG GCT ACC AAC | 92 |
| | M   A   T   N | 3 |

| 93 | GGA GAA GAT AAC CAA AAC CAA GTC AGC AGG CAC CAG GAG GTC GGT | 137 |
| 4 | G   E   D   N   Q   N   Q   V   S   R   H   Q   E   V   G | 18 |

| 138 | CAC AAG AGC CTT TTG CAG AGT GAT GCT CTT TAC CAG TAT ATA TTG | 182 |
| 19 | H   K   S   L   L   Q   S   D   A   L   Y   Q   Y   I   L | 33 |

| 183 | GAG ACC AGT GTG TAC CCA AAA GAG CCT GAA CCC ATG AAG GAG CTC | 227 |
| 34 | E   T   S   V   Y   P   K   E   P   E   P   M   K   E   L | 48 |

| 228 | AGA GAG GTG ACA GCC AAG CAT CCA TGG AAC ATC ATG ACA ACC TCA | 272 |
| 49 | R   E   V   T   A   K   H   P   W   N   I   M   T   T   S | 63 |

| 273 | GCT GAT GAA GGA CAA TTC TTG AAC ATG CTT CTC AAG CTC ATC AAT | 317 |
| 64 | A   D   E   G   Q   F   L   N   M   L   L   K   L   I   N | 78 |

| 318 | GCC AAG AAC ACC ATG GAG ATC GGT GTC TAC ACT GGC TAC TCC CTC | 362 |
| 79 | A   K   N   T   M   E   I   G   V   Y   T   G   Y   S   L | 93 |

| 363 | CTC GCC ACA GCC CTT GCT CTT CCT GAC GAT GGA AAG ATC TTG GCC | 407 |
| 94 | L   A   T   A   L   A   L   P   D   D   G   K   I   L   A | 108 |

| 408 | ATG GAC ATC AAC AGA GAA AAC TAC GAG CTT GGC TTG CCT GTC ATC | 452 |
| 109 | M   D   I   N   R   E   N   Y   E   L   G   L   P   V   I | 123 |

| 453 | GAA AAA GCC GGT GTT GCC CAC AAG ATC GAT TTC AGA GAA GGC CCT | 497 |
| 124 | E   K   A   G   V   A   H   K   I   D   F   R   E   G   P | 138 |

| 498 | GCT CTC CCA CTT CTT GAC CAG TTG ATT GCA GAT GAG AAG AAC CAT | 542 |
| 139 | A   L   P   L   L   D   Q   L   I   A   D   E   K   N   H | 153 |

| 543 | GGC TCA TAT GAT TTC ATT TTC GTG GAC GCT GAC AAG GAC AAC TAC | 587 |
| 154 | G   S   Y   D   F   I   F   V   D   A   D   K   D   N   Y | 168 |

| 588 | ATC AAC TAC CAC AAG AGG TTG ATT GAT CTT GTG AAG GTA GGG GGA | 632 |
| 169 | I   N   Y   H   K   R   L   I   D   L   V   K   V   G   G | 183 |

| 633 | GTG ATC GGC TAC GAC AAC ACC CTC TGG AAC GGC TCT GTC GTG GCG | 677 |
| 184 | V   I   G   Y   D   N   T   L   W   N   G   S   V   V   A | 198 |

| 678 | CCT CCT GAC GCC CCT CTT CGT AAG TAC GTC AGG TAC TAC AGG GAC | 722 |
| 199 | P   P   D   A   P   L   R   K   Y   V   R   Y   Y   R   D | 213 |

| 723 | TTC GTG TTG GAG CTC AAC AAG GCA CTT GCT GCC GAC CCC AGG ATT | 767 |
| 214 | F   V   L   E   L   N   K   A   L   A   A   D   P   R   I | 228 |

| 768 | GAG ATC TGC ATG CTT CCC GTT GGT GAT GGG ATC ACT CTC TGC CGT | 812 |
| 229 | E   I   C   M   L   P   V   G   D   G   I   T   L   C   R | 243 |

| 813 | CGG ATC AAA TGA TCG CCC AAA CCA AAC ACA CGG GGG TTA ACT TGC | 857 |
| 244 | R   I   K   * |

858	ACC CTT TGA TTA TTT TCC GCT GGC CCT TTT TTT TAC TTT GTA TTT	902
903	GTA TTT GAA TAT GGT CGG TGA TTC GTG CAT AAA TGA TTG AAG AGG	947
948	ACC ATA TTT TAG TGG CGG TGA TTT ATT AAT TTG CTG CCA CAA TAT	992
993	GAA ATA TTT GTA TTT CAG TAA TTT TAT ATG GGC TAT ATT ACT ATA	1037
1038	TAT GTT TAT GTA CTA AAT TCA ATT CCA TAA GAA TAC GAA GAG GTA	1082
1083	TGC	1085

图 1-17 基因序列及由此推导的氨基酸序列（二）

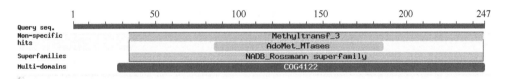

图 1-18　BlastP 程序推导的氨基酸序列的保守区预测（二）（彩图请扫封底二维码）

```
#HMM     *->retSvyPReheiLkELReaTaklPGlsqMqispeeGqFLslLvkLvgAKrtLEIGVFTGYS
#MATCH      +etSvyP e+e++kELRe Tak+P +++M++s++eGqFL++L+kL++AK+t+EIGV TGYS
#SEQ      LETSVYPKEPEPMKELREVTAKHP-WNIMTTSADEGQFLNMLLKLINAKNTMEIGVYTGYS

lLatALaLPeDGkItAiDidreayeiGlpfIqKAGVadKIefrlGDAlktLeqLvedkkYqGeFDfiFvDADKssY
lLatALaLP+DGkI+A+Di+re+ye+Glp+I+KAGVa+KI+fr+G+Al++L+qL++d+k   G++DfiFvDADK++Y
LLATALALPDDGKILAMDINRENYELGLPVIEKAGVAHKIDFREGPALPLLDQLIADEKNHGSYDFIFVDADKDNY.

YlnYYErlLeLVKvGGLiaiDNTLWfGkVaeppddevpetvreyRvvvrelNklLasDeRVeislLpvgDGITLcRRi<-*
Y nY++rl+ LVKvGG i++DNTLW+G+V++ppd++ +++vr+yR++v+elNk+La+D+R+ei++LpvgDGITLcRRi
YINYHKRLIDLVKVGGVIGYDNTLWNGSVVAPPDAPLRKYVRYYRDFVLELNKALAADPRIEICMLPVGDGITLCRRI
```

图 1-19　蛋白质家族预测（二）（Protein search 程序）

表 1-7　基因的 Pfam 程序预测结果（二）

Pfam 程序	描述	条目类型	氨基酸序列 起始	氨基酸序列 结束	HMM 模型 起始	HMM 模型 终止	分值	E 值	拟合值	预测活性位点
甲基转移酶-3	O-甲基转移酶	结构域	34	246	1	214	517.0	174.7	2.5E-152	亮氨酸

3）疏水区、跨膜区和信号肽预测

应用 ProtScale 程序，以默认算法（Hphob./Kyte&Doolittle）对该蛋白质的疏水性进行预测，结果发现蛋白质的 N 端为较强的亲水区，C 端为疏水区（图 1-20）。用 TMHMM 2.0 进行蛋白质序列的跨膜区分析（图 1-21），推测 100 个氨基酸左右有个跨膜结构，这与疏水性分析结果相似，在 100 个氨基酸左右有一个疏水区。信号肽分析表明，该蛋白质具信号肽结构的可能性很低（图 1-22）。

4）不同物种多序列比对分析

对 *CCoAOMT* 基因进行 BlastX 程序比对分析，发现各物种间该基因的蛋白质序列相似度较高，选取 7 种植物的 CCoAOMT 蛋白序列进行 ClustalX 程序分析，结果如图 1-23 所示。

从比对结果可以看出，CCoAOMT 蛋白序列保守度较高，与蛋白质家族保守区预测的结果相似。

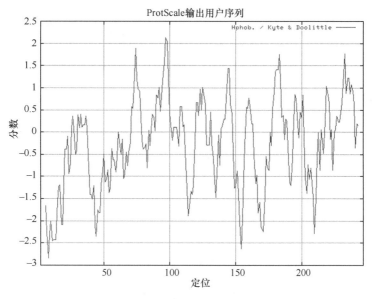

图 1-20 蛋白质的疏水性分析（二）（彩图请扫封底二维码）

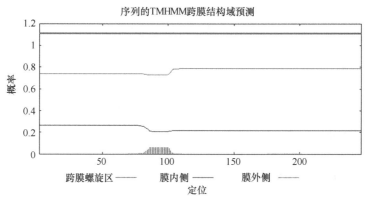

图 1-21 跨膜区预测（二）（彩图请扫封底二维码）

3. 木葡聚糖内糖基转移酶（XET）

1）木葡聚糖内糖基转移酶的 ORF 分析

通过六框翻译找到了 *XET* 基因的开放阅读框，该基因 cDNA 编码区序列自 74 位的 ATG 起，止于 955 位的 TAG，全长 882bp（图 1-24）。3′UTR 135bp，5′UTR 73bp。开放阅读框编码由 293 个氨基酸残基组成的多肽。氨基酸序列的分子量为 33.1kDa，理论等电点为 5.49，因此蛋白质为酸性蛋白质。负电荷残基（Asp+Glu）数为 34，正电荷残基（Arg+Lys）数为 23 个。不稳定系数为 29.32，因此 XET 蛋白为稳定的蛋白质。

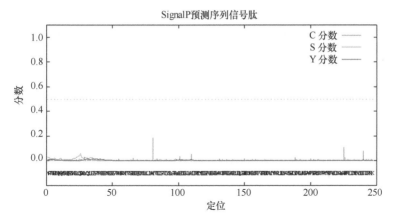

图 1-22　基因的信号肽预测（二）（彩图请扫封底二维码）

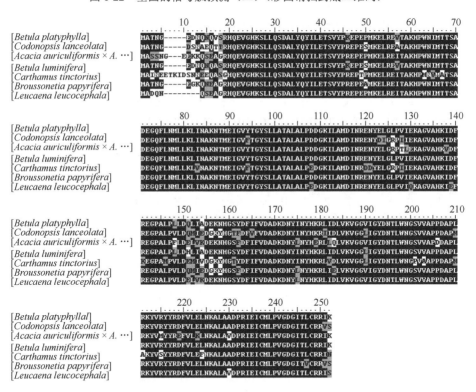

图 1-23　几种植物 CCoAOMT 蛋白序列的多序列比对

Betula platyphylla. 白桦；*Codonopsis lanceolata*. 羊乳，BAE48788；*Acacia mangium × A. auriculiformis*. 相思，ABX75853；*Betula luminifera*. 光皮桦，ACJ38669；*Carthamus tinctorius*. 红花，ACF17646；*Broussonetia papyrifera*. 构树，AAT37172；*Leucaena leucocephala*. 银合欢，ABF74683

```
2     GGG GAG AGC ATT TCA GAG TGG AAG CTT CAC TGT ACT CTC TCT CTC    46
47    TCT CTC TCT CAC TCA AAA CTT CTG CCA ATG GCG GTT TCC AGT GTC    91
                                            M   A   V   S   S   V      6
92    TGT GGT TCT TGG GTC TTC TTT GTG GGT CCT GTA GTG GTG GGT CTG    136
7      C   G   S   W   V   F   F   V   G   P   V   V   V   G   L      21
137   GCG AGC TCA AAA AAC TTT GAT GAG CTC TTT CAG CCA AGC TGG GCT    181
22     A   S   S   K   N   F   D   E   L   F   Q   P   S   W   A      36
182   ATG GAC CAT TTT AGC TAT GAA GGA GAG CTT CTT AAG CTC AAA CTT    226
37     M   D   H   F   S   Y   E   G   E   L   L   K   L   K   L      51
227   GAC AAC TAT TCC GGC GCT GGA TTT TCA TCC AAG AGC AAA TAT TTG    271
52     D   N   Y   S   G   A   G   F   S   S   K   S   K   Y   L      66
272   TTT GGG AAA GTG GCT ATA CAG ATT AAG CTT GTG GAG GGA GAC TCT    316
67     F   G   K   V   A   I   Q   I   K   L   V   E   G   D   S      81
317   GCC GGA ACA GTT ACT GCT TTC TAT ATG TCA TCG GAC GGT CCA AAT    361
82     A   G   T   V   T   A   F   Y   M   S   S   D   G   P   N      96
362   CAC AAT GAG TTT GAT TTT GAG TTC CTG GGC AAC ACC ACT GGT GAA    406
97     H   N   E   F   D   F   E   F   L   G   N   T   T   G   E     111
407   CCT TAT ACA ATC CAG ACC AAT GTG TAT GTT AAT GGT GTT GGT AAC    451
112    P   Y   T   I   Q   T   N   V   Y   V   N   G   V   G   N     126
452   CGT GAA CAA AGG CTT AAC CTC TGG TTC GAC CCA ACA AAG GAC TTT    496
127    R   E   Q   R   L   N   L   W   F   D   P   T   K   D   F     141
497   CAC TCC TAC TCC CTC TTC TGG AAC CAG CGC CAA GTT GTG TTT ATG    541
142    H   S   Y   S   L   F   W   N   Q   R   Q   V   V   F   M     156
542   GTG GAT GAG ACC CCA ATA AGA GTG CAT ACC AAT TTG GAA AAC AGA    586
157    V   D   E   T   P   I   R   V   H   T   N   L   E   N   R     171
587   GGA GTA CCA TTT CCC AAG GAC CAG GCC ATG GGC GTG TAC AGC TCA    631
172    G   V   P   F   P   K   D   Q   A   M   G   V   Y   S   S     186
632   ATT TGG AAT GCA GAC GAC TGG GCC ACG CAG GGC GGG AGA GTG AAG    676
187    I   W   N   A   D   D   W   A   T   Q   G   G   R   V   K     201
677   ACA GAC TGG ACC CAT GCG CCC TTC GTC GCC ACC TAC AAG GGC TTT    721
202    T   D   W   T   H   A   P   F   V   A   T   Y   K   G   F     216
722   GAA ATT GAT GCC TGT GAG TGC CCT GTT TCG GTG GCT GCA GCT GAT    766
217    E   I   D   A   C   E   C   P   V   S   V   A   A   A   D     231
767   GTT GCC AAG AAT TGT AGC AGC AGT GCA GAG AAG AGG TAT TGG TGG    811
232    V   A   K   N   C   S   S   S   A   E   K   R   Y   W   W     246
812   GAC GAG CCG ACA TTG TCG GAG CTC AGT GTG CAC CAA AGC CAC CAG    856
247    D   E   P   T   L   S   E   L   S   V   H   Q   S   H   Q     261
857   CTT GTA TGG GTT AAG GCC CAT CAC ATG GTC TAT GAC TAC TGC ACC    901
262    L   V   W   V   K   A   H   H   M   V   Y   D   Y   C   T     276
902   GAC ACA GCT AGG TTC CCG GCG ACG CCT GTA GAA TGT GTG CAC CAC    946
277    D   T   A   R   F   P   A   T   P   V   E   C   V   H   H     291
947   CGC CAC TAG TGG GTG GCA ATC GAA GGA GAT GGG AGC AGT GTA AAA    991
292    R   H   *
992   ATC ATA AGG TGT TGT TTG TTG GAA CGT TGT AAA AAA GGG AAG GGA    1036
```

图 1-24　基因序列及由此推导的氨基酸序列（三）

2）XET 蛋白家族预测

利用 NCBI 的 CDS 序列寻找保守区，结果表明白桦 *XET* 基因具有一个保守区（图 1-25、图 1-26 和表 1-8），属于糖基水解酶 16 超家族。*O*-糖基水解酶是一组广泛存在的、水解两个或更多碳水化合物之间或者碳水化合物和非碳水化合物之间糖苷连接的酶。基于序列相似性的糖基水解酶分类系统鉴定了包括家族 16 在内的超过 95 个不同的家族。家族 16 包含木葡聚糖内糖基转移酶、内切-β-1,3-1,4-葡聚糖酶、内切-β-1,3-葡聚糖酶和内切-β-半乳糖苷酶等。XET 利用转糖基作用在植物细胞壁中进行木聚糖多聚体的切割和组装。XET 是所有植物细胞壁重建过程中的一个关键酶。虽然 XET 的总体结构与其他糖基水解酶家族 16 相似，但是它的部分底物结合位点与糖基水解酶家族 7 有很大不同。

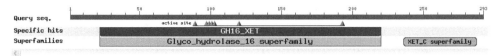

图 1-25 BlastP 程序推导的氨基酸序列的保守区预测（三）（彩图请扫封底二维码）

```
#HMM    *->fgedfdvtwgggnvsvsedpndadGggLtLtldkesgdkakdggyeysdGsgfkSqkfyylyGrvear
#MATCH    f+e f ++w  +++st+    + L+L+ld+              ys G+gf+S k +yl+G+v +
#SEQ      FDELFQPSWAMDHFSYE---GE---LLKLKLDN------------YS-GAGFSS-KSKYLFGKVAIQ
iKLvagngaGvVtAFyLlgsni S.dggwddhDEIDfmEFLGndtgqPYtvQTNvygnGkggGrydrgEqrfvLgsvwf
iKLv g++aG+VtAFy+  s  S++  ++h E Df EfLGn+tg+PYt+QTNvy nG+g+ r    Eqr +L  wf
IKLVEGDSAGTVTAFYM--S--SdG---PNHNEFDP-EFLGNTTGEPYTIQTNVYVNGVGN-R----EQRLNL---WF
DptadFHtYsilWnpdkIvwyVDGvpvRtfknneagngggqWpydyPqytPMrlyasglWpGgdgvddwatagGplrvkiDWag<-*
Dpt+dFH Ys  Wn ++v++VD +p+R+ +n e  g+   p+ P+ + M +y+s +W+++     dwat+gG  rvk+DW++
DPTKDFHSYSLFWNQRQVVTDGTPIRVHTNLENR-GV---PF--PKDQAMVGYSS-IWNAD----DWATQQG--RVKTDWTH
#HMM    *->CspsskssssntgagwdqpefselDdatqrrmrmWVqknyMiYnYCtDrkRfpqGlPpEC<-*
#MATCH    Cs+s     +Wwd+p+ seL+ +q +++ WV  +M+Y+YCtD+ Rfp  +P EC
#SEQ      CSSSA----EKRYWWDEPTLSELSVHQSHQLVWVKAHHMVYDYCTDTARFPA-TPVEC      288
```

图 1-26 蛋白质家族预测（三）（Protein search 程序）

表 1-8 基因的 Pfam 程序预测结果（三）

| Pfam 程序 | 描述 | 条目类型 | 氨基酸序列 | | HMM 模型 | | 分值 | *E* 值 | 预测活性位点 |
			起始	终止	起始	终止			
Glyco_hydro_16	糖基水解酶家族 16	结构域	27	206	1	229	317.6	1E-27	亮氨酸
XET_C	木葡聚糖内糖基转移酶（XET）C 端	家族	236	288	1	58	75.4	2E-19	亮氨酸

Pham 程序找到一个 XET C 端家族，这个家族描述植物木葡聚糖内糖基转移酶大约 60 个残基的 C 端。XET 参与细胞壁构建程序，基因本体（Gene Ontology）数据库 GO 号 0005618。木聚糖是双子叶植物细胞壁中首要的半纤维素成分。和纤维素一起构成一个网络来加固细胞壁。XET 催化木聚糖链的裂解来使细胞壁松弛。

3）疏水区、跨膜区和信号肽预测

应用 ProtScale 程序，以默认算法（Hphob./Kyte＆Doolittle）对该蛋白质的疏水性进行预测，结果发现蛋白质 N 端有一个较强的疏水区（图 1-27）。用 TMHMM-2.0 进行蛋白质序列的跨膜区分析（图 1-28），推测该基因在前 25 个氨基酸左右有一个跨膜区，这与疏水性分析结果相似。信号肽分析表明，该蛋白质在 1～25 个氨基酸位置上有一个很强的信号肽（图 1-29）。

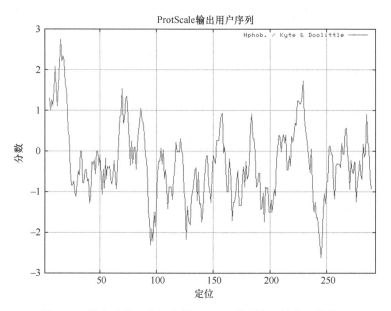

图 1-27　蛋白质的疏水性分析（三）（彩图请扫封底二维码）

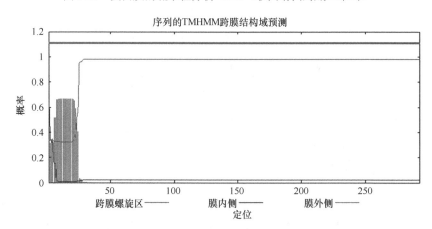

图 1-28　跨膜区预测（三）（彩图请扫封底二维码）

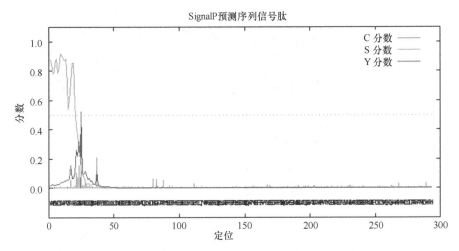

图 1-29　基因的信号肽预测（三）（彩图请扫封底二维码）

4）不同物种多序列比对分析

对 *XET* 基因进行 BlastX 程序比对分析，发现各物种间该基因的蛋白质序列相似度较高，选取 8 种植物的 XET 蛋白序列进行 ClustalX 分析，结果如图 1-30 所示。从图中可以看出，各植物的 XET 蛋白序列相对保守，但是 N 端序列保守性不高。这与蛋白质家族保守区预测的结果相似，该基因的大部分序列位于保守区内。

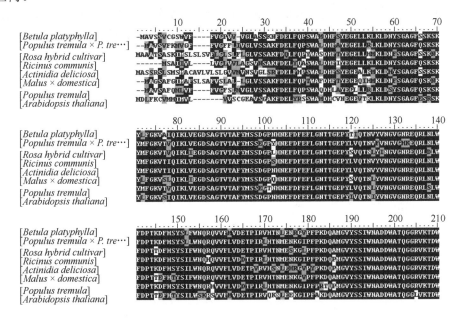

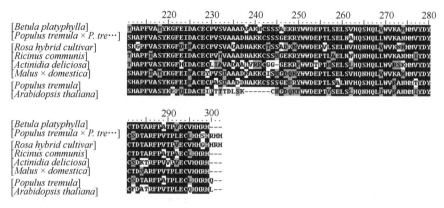

图 1-30   几种植物 XET 蛋白序列的多序列比对

Betula platyphylla. 白桦；*Populus tremula × P. tremuloides*. 欧美杨，ABL75361；*Rosa hybrid cultivar*. 玫瑰，BAH36876；*Ricinus communis*. 蓖麻，EEF39663；*Actinidia deliciosa*. 美味猕猴桃，ACD03214；*Malus × domestica*. 苹果，ACD03229；*Populus tremula*. 欧洲山杨，ABM91074；*Arabidopsis thaliana*. 拟南芥，AAM62971

1.5.3   小结

本研究获得了 17 条木材形成相关基因的全长 cDNA 序列，对其中的 2 条木质素合成过程中关键酶和一条细胞壁形成中关键基因的全长 cDNA 序列进行了生物信息学分析，分别是肉桂酰辅酶 A 还原酶（CCR）、咖啡酰辅酶 A-*O*-甲基转移酶（CCoAOMT）和木葡聚糖内糖基转移酶（XET）基因。对这 3 条基因序列进行了蛋白质分子量和等电点分析、蛋白质家族预测及疏水区、跨膜区和信号肽预测，并对多个植物间的基因序列进行了多序列比对，初步了解了这些基因的性质。

第 2 章　白桦茎初生向次生转变的分子调控

次生生长是树干加粗的重要生物学过程。为探索白桦茎发育过程中从初生向次生生长转变的分子机理，为白桦木材形成分子生物学研究奠定基础，本章分析了白桦第一、第三和第五茎节横切面解剖结构，并对相应组织的基因表达谱进行差异基因表达分析，分析不同发育状态的差异表达基因，阐述从初生茎向次生茎发育的基因调控途径。

2.1　引　　言

木材形成过程主要是次生生长过程，是一系列有序性的发育过程，包括从原形成层向维管形成层的转变，维管形成层细胞的有序分化及随后的次生木质部和韧皮部前体细胞的分化（Ko et al.，2006），以及细胞扩展、次生壁形成及接下来的细胞程序性死亡（Du and Groover，2010；Chen et al.，2012）。形成层起始、保持和木质部分化受一个相互关联的激素信号途径的调控（Milhinhos and Miguel，2013）。柳杉形成层区及分化中木质部转录组测序和基因表达谱研究鉴定的很多上调表达基因都被注释到了激素信号途径，这些基因可能在木质部形成和季节性木材形成中起调控作用（Mishima et al.，2014）。在木本植物中鉴定到的很多木材形成转录因子也在次生壁合成的过程中起到协同的调控作用（Wilkins et al.，2009）。拟南芥中控制维管分化的转录调控网络包含了 MYB 和 NAC 等转录因子家族基因。木质素是细胞壁的特有组分，主要负责支持植物的直立生长，也是工业操作中抗降解的生物质（Matos et al.，2013）。在过去的几十年里，研究人员通过遗传学、生物信息学和生物化学等手段鉴定了木质素生物合成相关酶，主要包括苯丙氨酸解氨酶（phenylalanine ammonia-lyase，PAL）、4-香豆酸:辅酶 A 连接酶（4-coumarate:CoA ligase，4CL）、肉桂酸-4-羟化酶（cinnamate 4-hydroxylase，C4H）、咖啡酸-O-甲基转移酶（caffeic acid-O-methyltransferase，COMT）、咖啡酰辅酶 A-O-甲基转移酶（caffeoyl-CoA-O-methyltransferase，CCoAOMT）、肉桂醇脱氢酶（cinnamoyl alcohol dehydrogenase，CAD）、肉桂酰辅酶 A 还原酶（cinnamoyl-CoA reductase，CCR）、阿魏酸-5-羟化酶（ferulate 5-hydroxylase，F5H）和过氧化物酶（peroxidase，Prx）等（Boerjan et al.，2003）。纤维素是植物细胞壁的主要组分（Brown et al.，2005）。对于不规则木质部蛋白（irregular xylem 5，IRX5）/纤维素合酶（cellulose synthase 4，CesA4）、IRX3/CesA7 和 IRX1/CesA8 的研究表明，它们作用于细胞壁中纤维素的生物合成，随后很多新的纤维素合成相关基因被发现（Persson et al.，2005）。因此，鉴定植物茎发育相关的基因及研究其表达模式，能够帮助我们解析木材形成的分子调控机制。

次生壁组分决定了木材性质。在一株树内，从顶端到基部，从髓心到树皮，材性都是变化的（Paiva et al.，2008）。在苗木茎中，从顶端到基部的发育阶段有所不同：在茎的顶端，细胞分裂旺盛，木质部分化程度低；而接近茎的底端，细胞分裂变缓，木质部分化程度提高（Cato et al.，2006）。Matos 等（2013）在短柄草 3 个关键发育阶段茎节的观察中发现，随着时间变化，维管束的大小和数量并没有变化，维管束纤维区的大小和细胞壁厚度却显著增加。已有研究显示，细胞分裂和扩展相关的基因倾向于在树冠区高度表达，而在树干基部，2 个细胞周期抑制蛋白（cell-cycle repressor）的表达量是树冠的两倍，同时次生壁加厚相关基因的表达量在树干基部显著富集（Cato et al.，2006）。杨树初生和次生发育阶段茎段表达谱分析显示了茎发育过程中差异表达的基因，大约 70% 的转录因子在初生向次生转换的过程中上调表达。茎初生芽伸长区含有特异的碳水化合物活性酶（carbohydrate active enzyme）和扩展蛋白（expansin）家族成员，这些基因可能作用于初生细胞壁的合成和修饰（Dharmawardhana et al.，2010）。因此，比较茎发育不同阶段的基因表达谱，如不同高度的茎和茎节，能够揭示茎发育过程中从初生生长向次生生长转变的分子调控机制。这种方法已成为鉴定巨云杉、白杨和山杨次生生长生物学程序的独特系统（Prassinos et al.，2005；van Raemdonck et al.，2005；Ye et al.，2006；Dharmawardhana et al.，2010）。

数字基因表达谱（digital gene expression profiling）包括新一代高通量测序技术和高性能的计算分析技术，能够高效、综合、经济地分析某一物种特定组织特定阶段的基因表达。本研究用数字基因表达谱研究白桦茎发育过程中代表不同分化阶段的不同茎节的基因表达谱。在分析过程中，着眼于木材发育的重要方面，包括细胞扩展、细胞壁修饰、纤维素和木质素生物合成、木质部延伸、生长激素响应和相关转录因子的表达。研究结果显示了初生茎生长和次生茎生长及细胞壁发育的重要生物学过程。该研究为研究木材发育相关基因表达提供了基础信息。这些基因可被用于白桦纸浆材料、生物能源及生物质材料的遗传改良。

2.2 白桦初生和次生茎发育解剖学分析

2.2.1 材料与方法

1. 材料

白桦种植于塑料花盆中，置于光周期 16h/8h（20℃/22℃）、相对湿度 60%～

70%、光照强度 200μmol/(m²·s)的温室中，隔天浇水。当白桦苗大约 30cm 高（大约发芽后 3 个月）时进行取材。收集从茎尖向茎基部方向第一、第三和第五茎节。每一个样本取 5 株混合，该试验设置 3 个生物学重复。取每一个茎节中间部分用 FAA 固定液（70%乙醇、5%冰醋酸和 5%甲醛）进行固定，用于解剖学分析，观察不同茎节横切面。收集每个样本 1～5cm 长的茎节立即置于液氮中处理，然后放在–80℃条件下保存，以备 RNA 提取。

2. 茎横切面解剖学分析

利用冷冻切片进行白桦苗茎节次生木质部不同发育阶段的可视化分析。每一个茎节大约 3mm 的材料利用冷冻切片包埋剂 OCT（聚乙二醇和聚乙烯醇水溶性混合物）固定（美国 Thermo Scientific 公司），利用显微冷冻切片机（Thermo Scientific HM560）切成 15μm 厚的切片。切片用 5%盐酸-间苯三酚或荧光增白剂（Calcofluor White）染色，然后利用光学显微镜（日本，Olympus BX43）和紫外荧光显微镜（UV fluorescence microscope）（德国，Zeiss A1）拍照获得图像。切片木质部细胞壁厚度利用扫描电子显微镜（日本，Nikon JCM-5000）成像，然后利用 ImageJ 软件（http://rsbweb.nih.gov/ij/）进行厚度测定。每个试验设置 3 个生物学重复。

2.2.2　白桦初生和次生茎发育解剖学特征

茎生长过程中茎节所在位置代表了茎发育的不同阶段。为了确定不同的发育阶段，选取白桦茎第一、第三和第五茎节进行解剖学分析（图 2-1）。

图 2-1　试验中所用 3 个月大白桦苗（彩图请扫封底二维码）
第一、第三和第五茎节用于解剖学分析和 RNA 提取

　　木质化是次生壁形成的典型标志，因此本研究利用盐酸-间苯三酚对茎节横切面切片进行木质素染色分析，结果在第一、第三和第五茎节清晰显示了初生生长和次生生长的不同（图 2-2A～C）。在第一茎节中，从原形成层分化来的初生木质部和初生韧皮部构成了维管组织的主要部分，只发现了很少的放射状次生生长，但是木质化的次生壁还很少（图 2-2A）。这些结果证明，第一茎节主要处于初生生长的发育阶段。第三和第五茎节出现了分化完全的维管形成层、次生木质部和次生韧皮部（图 2-2B、C）。在第三和第五茎节出现了韧皮部纤维束，但是在第一茎节还未发现。第三茎节处于一个过渡的发育阶段，处于茎早期次生生长阶段，其次生木质部和次生韧皮部比第一茎节发育范围大，强度高，木质化的细胞也更

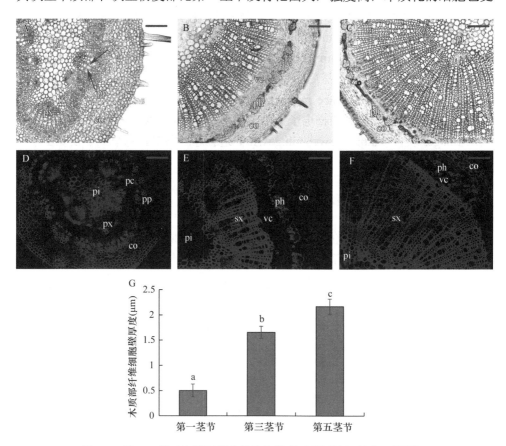

图 2-2　第一、第三和第五茎节的次生发育（彩图请扫封底二维码）

利用盐酸-间苯三酚或荧光增白剂对茎切片进行染色，以检测木质素和次生壁纤维素沉积。if: 维管束间纤维；px: 初生木质部；pp: 初生韧皮部；pc: 原形成层；ph: 韧皮部；vc: 维管形成层；co: 皮层；sx: 次生木质部；pi: 髓。A、B、C 分别为第一、第三、第五茎节切片的盐酸-间苯三酚染色。D、E、F 分别为第一、第三、第五茎节切片的荧光增白剂染色。A～F: 10 倍镜，标尺=100μm。G. 第一、第三和第五茎节的木质部纤维细胞壁厚度，误差线表示来自 3 个生物学重复的标准偏差（SD），使用方差分析来确定结果之间的统计学显著差异，a、b 和 c 分别表示第一、第三和第五茎间的显著差异（$P<0.05$）

多。在第五茎节中，木质化的细胞更多，说明第五茎节比第一和第三茎节的次生生长更完全，发育更成熟，茎处于晚期次生生长阶段（图 2-2C）。

利用荧光增白剂进行茎横切面的纤维素组分染色分析（图 2-2D～F）。在第一茎节中，荧光信号分布最少（图 2-2D），然后是第三茎节，荧光信号分布增强（图 2-2E），第五茎节的荧光信号分布最广（图 2-2F），说明随着茎发育成熟，细胞壁逐步被纤维素填充。第一、第三和第五茎节中木质部纤维细胞壁厚度也存在着不同。相对于第一和第三茎节，第五茎节的细胞壁厚度显著增厚（图 2-2G 和图 2-2B）。而第一茎节的细胞壁厚度最薄（图 2-2G 和图 2-2A）。

大多数木质部细胞壁在第三茎节（图 2-3B）和第五茎节（图 2-3C）中比在第一茎节（图 2-3A）中更厚。木质部纤维细胞壁厚度在第三和第五茎节中相似，内部细胞壁比外部细胞壁厚（图 2-3B、C）。

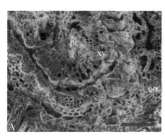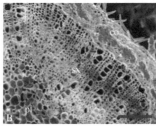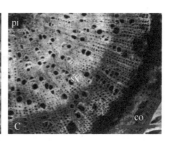

图 2-3　不同茎节的扫描电子显微镜分析

co. 皮层；xy. 木质部；sx. 次生木质部；pi. 髓。标尺=25μm；放大倍数 500×

2.2.3　小结

解剖学分析结果表明，第一茎节主要处于初生生长的发育阶段，第三和第五茎节出现了分化完全的维管形成层、次生木质部和次生韧皮部，第三茎节处于一个过渡的发育阶段。从第一茎节到第五茎节，随着次生发育的进展，纤维素与木质素沉积逐渐加强，细胞壁逐渐增厚。

2.3　白桦初生和次生茎发育数字基因表达谱构建及调控分析

2.3.1　材料与方法

1. 材料

当白桦苗大约 30cm 高（大约发芽后 3 个月）进行取材，从茎尖向茎基部方向收集第一、第三和第五茎节。每一个样本取 5 株混合，该试验设置 3 个生物学重复。收集每个样本 1~5cm 长的茎节立即置于液氮中处理，然后放在-80℃条件下保存，以备 RNA 提取。

2. 方法

1）数字基因表达谱（DGE）文库构建及测序分析

将茎节切成小段，然后放进研钵加液氮研磨成粉末，利用 CTAB 法提取每一个样本的总 RNA（Chang et al., 1993）。然后用无 RNA 酶（RNase）的 DNA 酶 I（DNase I）（日本 TaKaRa 公司）在 37℃消化 30min，以去除 DNA 污染。每个样本进行 3 个生物学重复。利用寡脱氧胸腺苷酸[Oligo(dT)]磁珠吸附法纯化 mRNA，利用 Oligo(dT)引物合成 cDNA，利用两种内切酶 NlaIII 或 DpnII（美国 New England Biolabs 公司）进行切割获得 5′端的标签，然后用限制性内切酶 NlaIII 消化，识别并去除 CATG 位点。将片段洗脱，3′ cDNA 片段仍然结合在 Oligo(dT)磁珠上，Illumina adaptor 1 与 cDNA 片段 5′端连接，Illumina adaptor 1 和 CATG 位点的连接处形成 MmeI（New England Biolabs 公司）的识别位点，其将 CATG 位点下游的 DNA（17bp）切割，由此产生包含 Illumina adaptor 1 的标签。在通过沉淀除去 3 个片段后用磁珠将 Illumina adaptor 2 连接到标签的 3′端，从而获得序列两端不同衔接子的标签，形成标签库。线性 PCR 扩增后，使用聚丙烯酰胺凝胶电泳（PAGE）纯化片段。在质量控制（QC）阶段，使用 Agilent 2100 生物分析仪和 ABI StepOnePlus 实时荧光定量 PCR（qRT-PCR）系统对样品库进行定量并测试其质量。使用 Illumina HiSeq™ 2000 系统对文库进行测序。

2）数据处理和 DGE 标签的评估分析

从 DGE 标签中去除"空读取"（只有 3 个接头序列，但没有标签）、3 个接头序列（因为标签只有 21nt 长，而测序读数为 49nt 长，原始序列包含 3 个接头序列）、低质量标签（具有未知序列"N"的标签）、太长或太短的标签（留下 21nt 长的标签）和拷贝数为 1 的标签（最可能是测序错误），以产生单一的读序。虚拟文库包含参考基因序列的所有可能的 CATG 和另外的 17bp 序列。所有单一的标签都被比对到参考序列，超过 1bp 不匹配的读数被排除在进一步分析之外。将比对到来自多个基因的参考序列的标签过滤掉。其余的单一标签被指定为明确的单一标签。计算每个基因的无歧义单一标签的数量，然后将其标准化为每百万个单一标签的转录物数量。

获得含有 N（不确定的 DNA 核苷酸碱基）的序列、只有标签的序列、低拷贝数序列和单一标签的百分比，通过分析标签的饱和度和不同拷贝数的单一标签在不同高质量标签中的分布以评估序列质量。

3）功能注释的研究

单一基因（NR 数据库）通过比对组装与蛋白质数据库[包括 NCBI NP 数据库、京都基因和基因组百科全书（KEGG）和直系同源簇（COG）]进行注释。通过搜索 NCBI 非冗余蛋白数据库所鉴定的蛋白质，不包括具有 10^{-5} 的 E 值的序列，其显示与单一基因的序列相似性最高，用于将功能注释分配给单一基因。使用 Blast2GO 程序进行基因本体（GO）注释。使用 Blastall 软件完成 KEGG 通路和 COG 注释。

4）筛选差异表达基因（DEG）

如前所述（Audic and Claverie，1997），对两个样品之间的 DEG 进行了严格的计算。校正了与差异基因表达测试相对应的 P 值多重假设检验。通过操纵错误发现率（FDR）来确定 P 值阈值。本研究用 FDR≤0.001 和 $\log_2$Ratio 的绝对值≥1 作为阈值来判断基因表达差异的显著性。

5）实时荧光定量 PCR（qRT-PCR）分析

用 SYBR Premix Ex Taq^{TM} 评估在 DGE 分析中记录的基因表达水平的有效性。使用 *ubiquitin*（GenBank 序列号：FG065618）和 *α-tubulin*（GenBank 序列号：FG067376）基因作为内部对照，使用寡脱氧胸苷作为引物，以 10μL 体积反转录来自每个样品的 1μg 总 RNA。使用 MJ Opticon^{TM} 仪器（美国 Bio-Rad 公司）进行实时荧光定量 PCR，每个样本进行 3 个生物学重复。反应混合物（20μL）含有 10μL SYBR Green 实时荧光定量 PCR 主混合物（Toyobo 公司），0.5μmol/L 正向或反向引物（表 2-1）和相当于 100ng 总 RNA 量的 cDNA 模板。样品扩增大小为 150～

表 2-1　用于 qRT-PCR 分析的引物序列和扩增子大小

基因号	引物序列（5′→3′）	扩增长度（bp）
CCG008674.1	5′-CTGCGGTGATAATGTTGG 3′-GACTTCCTTTGTGCCTCTTA	161
CCG029006.1	5′-GGGCTGGAGAAGATTGAT 3′-GGCGTTGAGGACTTGATAG	150
CCG002572.1	5′-TTGGAGTGATGAGGAATGTC 3′-CTTTCTGGTCTCGCTCTTT	197
CCG012367.1	5′-ACTCACGGCAACTCGCTCT 3′-TCAGGAACGAGACGAACGG	157
CCG027699.1	5′-TGCCAGCAATGAGATGAC 3′-AAGGTCCAGTGAAGCCAT	160
CCG013100.1	5′-CTCTTTGTCTCCTTCGTC 3′-AACTTGGTCATGCGGTC	185
CCG002324.1	5′-CAACTTCAGGGCACGAT 3′-CCTCCCCTTTCAACAGT	159
CCG002653.1	5′-GATGGTAGAGGCAGAAGAAT 3′-GAGCCGAAGCTGGAATA	172

基因号	引物序列（5′→3′）	扩增长度（bp）
CCG001117.1	5′-ACGAAACAAGGAATACAGG 3′-CACAAAGAACACGAATGCTG	190
CCG011529.1	5′-CTCCAACCTCACCACAAAG 3′-CAGTTATTCGGTCCCCTAG	167
CCG034320.1	5′-AAGACACCGTTACAGGC 3′-CCGTGAGAAGTGGAAAG	184
CCG016947.1	5′-CCAATCCCCGACTCATCAT 3′-TGCCGCCACTACCAGTTTCT	200
CCG035613.1	5′-ACCAAGTTCCTTCCAGAGC 3′-AAGCCTACCAGCAATCAGT	200
CCG008206.1	5′-CCAGGAAGGACCGATAA 3′-GGCCAGTAAGGGTTTTG	188
CCG009999.1	5′-GTATGGCTCGGAACCTTT 3′-TTCTCCTCATGGAGTGCTT	199
CCG031107.1	5′-TTCTTCCTGCTCTTCCTCC 3′-GTTCAGCCATGTCAGTGTTT	160
CCG000837.1	5′-CCGGTCAGATCAAAGAA 3′-GTCCATCCATGAGCCAC	178
CCG000719.1	5′-GTCAAGCATCTGGGTGGTA 3′-AGAGGGTTCGCCGTTTT	150
CCG019378.1	5′-CTATTTCCACCGCCACT 3′-TCGGGTCAGACTTCAGG	176
CCG008789.1	5′-GCCAGATAAGGTTAATAGG 3′-TGAACAGCCAAGGGAAT	170
CCG009016.2	5′-ACGGCAATCTGGTTCTG 3′-CCTCCACCTTAGCGTTC	184
CCG009877.1	5′-AAGATGTACTCGCAAACAG 3′-AACCACGCCACTTCACT	169
CCG001675.1	5′-TTGCTGCTTCTGGGCTTAC 3′-CTCATTTGCGGCGAGTT	196
CCG032759.1	5′-TTTCTTTGGCTCGTCTG 3′-CCATGATGTCACCCTTC	165
CCG013839.1	5′-GTTTCGTTGTGCTTTGA 3′-GCATGGAGGGTAGTGAT	169
CCG033079.1	5′-GGATTGATGACCCTGTT 3′-CATTAAGCATATTCCGTGTA	153
CCG033701.1	5′-AAGATACCGTGGAAAGTC 3′-AGTTGAGGTGCTAGAGTTA	151
CCG009540.1	5′-GACGCTGACCATATCTCA 3′-CCTGCTTTGTCCTCCTA	191
CCG023649.1	5′-GATTGTTTCGTTGTTGCA 3′-TTGGCTTTCACAGTTTCTT	183
CCG002577.1	5′-TGGAATGGGTGTATGGA 3′-GGGAAAGCCTCAGAAAT	195

200bp，并且在以下条件下扩增序列：94℃ 30s；94℃ 12s，58℃ 30s，72℃ 45s，45 个循环；79℃读板 1s。以每个样品产生解链曲线来评估扩增产物的纯度。使用 ΔΔCt 法从阈值周期计算表达水平（Pfaffl et al.，2002）。

2.3.2 测序质量评估分析

本研究对来自第一、第三和第五茎节的 DGE 文库进行了测序。对于从白桦的第一、第三和第五茎节获得的 mRNA，分别鉴定了大约 1190 万、1210 万和 1200 万个原始标签和 1150 万、1180 万和 1170 万个单一标签。含有 N（不确定的 DNA 核苷酸碱基）的标签及只有接头和低拷贝数（<2）的原始标签少于 10%；在所有采样节间中，单一标签占原始标签的 90% 以上（图 2-4），表明测序成功。在大约 2M（百万）标签处，饱和度曲线在水平轴上开始变平（图 2-5）。具有不同拷贝数的不同单一标签的分布表明存在丰富的低表达标签（图 2-6），说明可以检测到具有低 mRNA 表达水平的基因。

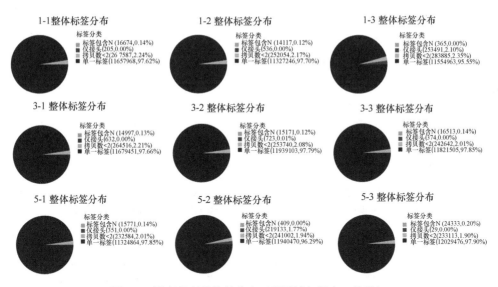

图 2-4　测序序列的数量分布（彩图请扫封底二维码）

2.3.3 差异表达基因的分析

当 FDR≤0.001 且 $\log_2$Ratio 的绝对值≥1 时选择 DEG（表 2-1）。与第一茎节相比，第三茎节分别有 177 个和 157 个基因上调和下调；而在第五茎节中 180 个基因上调并且 275 个基因下调。然而，在第五和第三茎节之间检测到更少的 DEG：在第五茎节中只有 24 个基因上调，并且 6 个基因在第五茎节中下调（图 2-7A）。

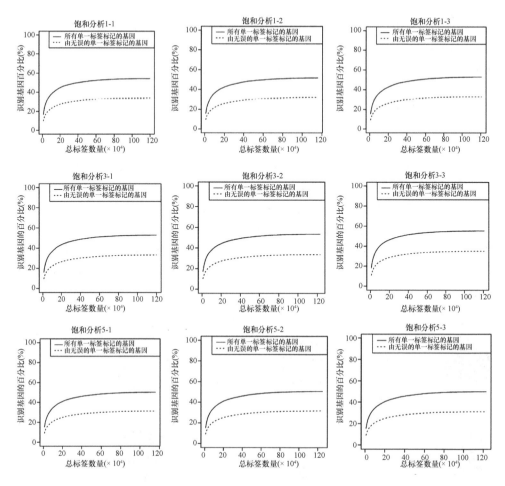

图 2-5　不同基因表达水平的饱和度评估

实线表示由全部单一高质量标签比对的基因，虚线表示明确的高质量标签比对的基因

本研究观察到第一茎节处于初生生长过程，次生生长刚刚开始（图 2-2A），而第三和第五茎节处于次生茎生长过程中（图 2-2B、C）。因此，本研究推测更多的基因参与调控初生生长、形成层发育、次生生长和次生壁合成沉积。这一推测得到了观察结果的支持，即第一和第三茎节之间的基因表达差异大于第三和第五茎节之间的基因表达差异。

2.3.4　差异表达基因 qRT-PCR 分析

为了进一步确定数字基因表达谱的结果，利用 qRT-PCR 分析进行表达模式验证。本研究随机选择数字基因表达谱中 30 个差异表达基因进行表达分析验证，其中包括本研究关注的细胞壁相关基因，如编码 XET、PAL、4CL、CCoAOMT、

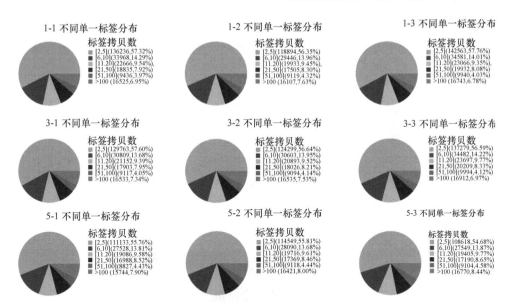

图 2-6　单一高质量标签分布的统计信息（彩图请扫封底二维码）

中括号内为标签长度范围，小括号内为标签数量及所占百分比

Prx、CesA、GPI-AP（糖基磷脂酰肌醇锚定蛋白）、MAP（丝裂原活化蛋白激酶）和赤霉素（GA）及生长素合成相关基因，这些基因将在随后的讨论中详细分析。qRT-PCR 分析结果与数字基因表达谱结果分析结果一致（图 2-8），证明了数字基因表达谱结果的可靠性。

2.3.5　层次聚类分析

具有相似表达模式的基因可能在功能上相关。本研究对 3 种组织中检测到的假定的茎发育相关基因表达模式进行了层次聚类分析，以鉴定具有相似功能的基因（图 2-7B）。本研究观察到不同组织类型之间不同基因表达的多种模式，表明这些基因可能参与茎发育的不同阶段。例如，*4CL*、*PAL*、*CCoAOMT* 和 *Prx* 基因在第三茎节或第五茎节中高于在第一茎节中的表达（图 2-7B），这支持先前报道的这些蛋白质参与次生壁和木质部形成（Zhang et al.，2009；Herrero et al.，2013；Wang et al.，2014）。相比之下，第五茎节中的一些基因表达水平高于第三茎节（图 2-7B）。然而，它们的表达在第一和第三茎节或第一和第五茎节之间没有差异。这些基因（包括编码赤霉素 2-氧化酶、葡萄糖基转移酶和各种转录因子的基因）可能在后期二次生长过程中参与二次细胞壁修饰、木质部和韧皮部伸展和成熟，因为本研究还观察到第三和第五茎节之间木质部宽度和细胞壁厚度的差异（图 2-2D～F）。然而，与第一茎节相比，第三茎节中其基因相比刚开始会高水平表达，如编码激素相关和转录因子的基因，这些基因可能在维管形成层形成初期，次生木质部和次生韧皮部发育及次生壁的形成过程中起作用。第一

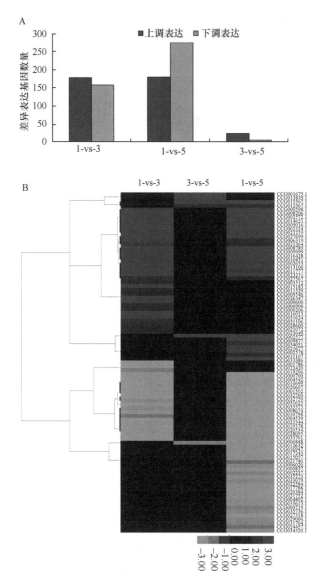

图 2-7　在第一、第三和第五茎节间差异表达的基因（彩图请扫封底二维码）

A. 在所研究的茎节间差异表达基因的数量。B. 在所研究的茎节间差异表达基因的分层聚类分析。热图数据代表在研究的茎节间显著差异表达基因的表达模式，所有比率都是 $\log_2$ 变换。图 B 中对数比率 0（比率 1）用黑色表示，阳性（诱导）或阴性（阻抑）对数比率分别以红色或绿色表示，随着亮度的增加而增加。红色表示受诱导，绿色表示受抑制。1-vs-3 表示第三茎节与第一茎节相比，1-vs-5 表示第五茎节与第一茎节相比，3-vs-5 表示第五茎节与第三茎节相比，下同

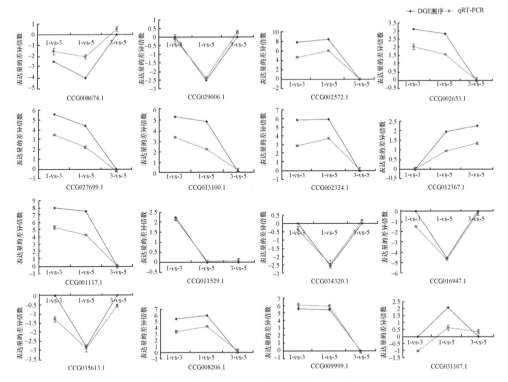

图 2-8　使用 qRT-PCR 分析确认 DGE 结果

误差从 qRT-PCR 分析的多个重复中获得。*BpCesA*：CCG008674.1；*BpCCo1*：CCG002653.1；*BpCCo2*：CCG002572.1；*BpAIP-like*：CCG027699.1；*BpPrx*：CCG002324.1；*BpbHLH*：CCG011529.1；*BpCASP-like*：CCG001117.1；*BpCyt-P450*：CCG013100.1；*BpMYB1*：CCG008206.1；*BpMYB2*：CCG035613.1；*BpXET*：CCG029006.1；*BpTCP4-like*：CCG016947.1；*BpMAP*：CCG012367.1；*BpFAC-like*：CCG031107.1；*BpAP2*：CCG009999.1；*BpTEF*：CCG034320.1

茎节主要包含原代细胞壁并且不含明显的次生组织，因此与第一茎节相比，在第三和第五茎节中较低水平表达的转录物可能涉及初级生长、初生细胞壁合成、形成层形成和细胞壁松动/扩张。代表性基因包括编码内切-1,4-β-葡聚糖酶、木葡聚糖内糖基转移酶、核糖-5-磷酸异构酶和糖基磷脂酰肌醇锚定蛋白的基因，以及激素相关蛋白和转录因子。

2.3.6　GO 功能分析

GO 分类用于定义 DEG 的功能分布（图 2-9）。在 3 种主要本体中，确定的最丰富的 DEG 子类别包括与细胞组件类别中的"细胞""细胞组分""细胞器"；分子功能类别中的"催化活性""结合"；以及生物过程类别中的"单生物过程"

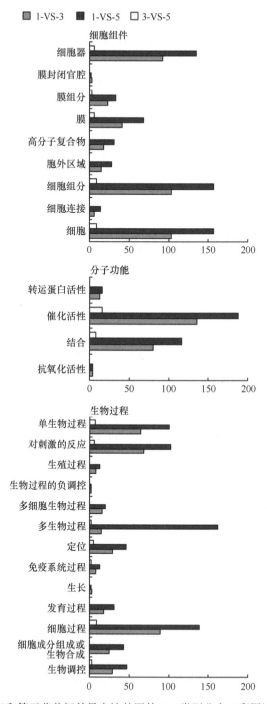

图 2-9　第一、第三和第五茎节间差异表达基因的 GO 类别分布（彩图请扫封底二维码）
横轴表示单一基因的数量；纵轴表示 GO 子类别

"对刺激的反应""多生物过程""细胞过程"。木质素和纤维素的生物合成需要许多催化酶（Sato et al.，2004；Grell et al.，2013），因此本研究结果表明"催化活性"对于初生和次生茎发育是重要的。许多分子（包括激素、转录因子和酶）相互作用形成促进茎发育的调控网络。已报道次生壁相关 NAC 结构域蛋白（SND）调节网络调节次生壁增厚（Zhong et al.，2008）。在"结合"类别中，包括生长素调节蛋白和 MYB 转录因子的许多 DEG 在第三和第五茎节中比在第一茎节中表达更高，表明促进次生生长和茎成熟的基因之间的潜在相互作用。

2.3.7　细胞扩展和伸长相关基因的研究

细胞的扩展与伸长是初生生长和初生细胞壁发育的关键步骤。植物组织切片结果显示：第一茎节主要组织为原形成层、初生木质部和初生韧皮部，绝大部分细胞处于初生发育过程。扩展蛋白、XET 蛋白和 EGase 蛋白参与这些过程。XET 蛋白能够改变植物细胞壁的交联情况，使得细胞壁扩展而不破坏细胞壁的结构（Fry et al.，1992）。另一种类型的 XET 蛋白促进维管组织次生壁的形成和木质部发育（Nishikubo et al.，2011）。本研究在白桦中鉴定了 2 个编码 XET 家族蛋白的基因：一个 *XET* 基因（*BpXET*：CCG029006.1）在第五茎节中的表达量低于第一茎节，后者是前者的 2.5 倍；另一个 *XET* 基因（CCG023231.1）在第三和第五茎节中的表达量比第一茎节高 8 倍。因此本研究推测 *XET* 基因（CCG029006.1）参与调控白桦茎初生生长过程中的细胞扩展，而 *XET* 基因（CCG023231.1）参与次生壁形成的调控。这些研究结果与 Cato 等（2006）的研究结果相似。因此，这个基因家族可能包含着在不同的发育阶段行使不同功能的成员。EGase 在细胞伸长的过程中起着重要的作用（Verma et al.，1975）。有报道显示一个 1,3-1,4-β-葡聚糖酶参与单子叶植物的细胞伸长（Inouhe and Nevins，1991）。*CEL1* 基因在拟南芥幼年期生长快速的组织中达到表达高峰（Shani et al.，2004）。白桦中，编码内切-1,4-β-D-葡聚糖酶的基因（*BpEGs*：CCG000837.1）在第一茎节中的表达水平高于第五茎节，说明 *EGase* 基因可能也作用于白桦茎初生生长过程中的细胞伸长调控。

2.3.8　生长激素相关基因参与初生和次生茎发育的研究

生长素（AUX/IAA）信号在调控形成层的生长、分化、细胞扩展和后续的次生生长发育过程中起着关键作用（Spicer et al.，2013）。本研究鉴定了一些与生长素信号途径相关的基因家族。两个生长素结合蛋白（auxin-binding protein）*ABP19a-like* 基因（CCG032759.1、CCG032760.1）在第三和第五茎节中的表达量低于第一茎节。结合茎切片分析结果，这些 ABP19a-like 蛋白可能参与白桦初生生长发育的调控。此外，与第一茎节相比，生长素调节蛋白（auxin-regulated protein）和类生长素诱导蛋白 12（auxin-induced protein 12-like）基因（CCG006900.1、CCG027699.1）在第三和第五茎节中的表达量较高，说明这些基因参与白桦形成层生长、分化和茎发育过程中的次生生长调控。

植物赤霉素被认为可调控植物的木质部形成（Mauriat and Moritz, 2009），主要包括促进细胞分裂和伸长等。另外其通过长距离和短距离运输来调控植物生长发育的方方面面（Binenbaum et al., 2018）。前人的研究显示赤霉素能够刺激木质部纤维细胞伸长、分化和扩展（Ragni et al., 2011）。因为 gibberellin 2-oxidase 基因控制赤霉素的合成，因此该基因与植物生长、纤维制造、茎和根的发育相关。此外，水稻中的几丁质诱导的赤霉素响应蛋白（chitin-inducible gibberellin-responsive protein，CIGR）在植株调控中起着较强的遗传作用（Kovi et al., 2011）。本研究鉴定了两个可能的赤霉素响应基因，编码赤霉素 2-氧化酶（gibberellin 2-oxidase）（BpGA2-ox：CCG013839.1）的基因在第五茎节中的表达量高于第三茎节，而编码类几丁质诱导的赤霉素响应蛋白 1（chitin-inducible gibberellin-responsive protein 1-like）（BpGARP：CCG033079.1）的基因在第五茎节中的表达量比第一茎节中低。因此，本研究鉴定的两个赤霉素相关基因可能在白桦茎发育的 3 个不同阶段起着不同的作用。BpGA2-ox（CCG013839.1）可能参与次生生长发育的调控，而 BpGARP（CCG033079.1）可能参与初生生长发育的调控。

2.3.9　茎发育相关转录因子的研究

前人在拟南芥中的研究揭示了可能涉及木材形成调节的各种木材相关转录因子（Zhong et al., 2008）。本研究鉴定了各种差异表达的转录因子，包括真核起始因子 5A（eIF5A）、WRKY、MYB、碱性螺旋-环-螺旋蛋白（bHLH）和 AP2/ERF/DREB。

eIF5A 涉及木糖发生（Liu et al., 2008）、细胞壁完整性（Galvão et al., 2013）和根原生木质部的发育（Ren et al., 2013）。WRKY 和 AP2/ERF 已被鉴定为在拟南芥或杨树茎次生生长和木质部组织中上调表达（Dharmawardhana et al., 2010）。与第一茎节相比，本研究发现第三和第五茎节中的 BpeIF5A（CCG033701.1）、BpWRKY（CCG022584.1）和 BpbHLH（CCG035736.1）转录水平较低，推测这些基因在白桦主茎发育。与第一茎节相比，AP2/ERF/DREB（CCG009999）和两个 BpbHLH 基因（CCG011529.1、CCG035736.1）的表达水平在第三和第五茎节中上调，这意味着它们在桦木的茎次生生长中起作用。基于这些转录因子的反式表达模式，WRKY 和 bHLH 家族的其他成员可能与初生或次生茎发育有关。

MYB 转录因子是与植物发育和组织分化相关的大量转录因子。几乎在所有真核生物和植物中被发现,在调节次生壁合成中发挥关键作用(Karpinska et al.,2004)。本研究发现 *BpMYB1*(CCG008206.1)基因在第三和第五茎节中的表达显著高于第一茎节。与第一茎节相比,另外 3 个 MYB 转录因子基因[CCG019296.1、CCG021752.1、CCG035613.1(*BpMYB2*)]在第三或第五茎节中以较低水平表达。MYB 包括辅助细胞壁形成和细胞扩增的正调控器和负调控器。介导生长素途径的转录因子 C3H17-PaMYB199 模块(Tang et al.,2020)、VCM1 和 VCM2(Zheng et al.,2020)均可以调控形成层的活动及次生生长,可作为分子育种的靶基因。栎树的 *QsMYB1* 及拟南芥的 *MYB58* 和 *MYB63* 曾有报道在进行次生壁增厚的器官和组织中特异性上调(Almeida et al.,2013;Zhou et al.,2009)。然而,*AtMYB41* 在拟南芥中的过表达抑制了细胞扩增(Cominelli et al.,2008),而 ZmMYB39 和 ZmMYB42 降低了玉米和拟南芥中 *COMT* 基因的表达(Fornalé et al.,2006)。本研究发现 BpMYB1(CCG008206.1)与 QsMYB1、AtMYB58 和 AtMYB63 同源。另外 3 个 MYB 与 AtMYB41、ZmMYB39 和 ZmMYB42 都有同源性,表明在桦树中鉴定的这些 MYB 在初生和次生茎生长的不同阶段具有复杂的功能。

2.3.10　类受体蛋白激酶调节茎发育的功能研究

有研究表明,多种类受体蛋白激酶(RLK)在细胞壁信号转导中起作用。富含亮氨酸重复(LRR)-RLK 家族代表由高等植物基因组编码的最大的 RLK 组。尽管拟南芥 LRR-RLK 家族包含 216 个基因,但只有少数研究表明 LRR-RLK 蛋白在调控细胞壁功能中发挥作用。拟南芥 *BRL1* 和 *BRL3*(Caño-Delgado et al.,2004)、*LRR-RLK* 和 *PXC1*(Wang et al.,2013)及 *XIP1*(Bryan et al.,2012)基因都编码 LRR-RLK。这些 LRR-RLK 在茎生长、维管分化和次生壁形成(包括韧皮部)中起作用:木质部分化比率和维管缺陷(Caño-Delgado et al.,2004)、韧皮细胞中的异位木质化及细胞的组织结构或细胞形态(Bryan et al.,2012)。本研究确定了 7 个 *LRR-RLK*,占本研究中确定的近一半的 *RLK*。有趣的是,与第一茎节相比,其中 6 个(CCG010699.1、CCG010798.1、CCG020581.1、CCG023344.1、CCG028095.1、CCG030442.1)在第三或第五茎节中显著下调。此外,3 个 *LRR-RLK* 位于差异最大的 10 个调节基因中:CCG010699.1 的表达水平下降至千分之一。与第一茎节相比,另一个 *LRR-RLK*(CCG008789.1)在第三和第五茎节中上调。这些结果表明,上述 6 种高度差异调控的 *LRR-RLK* 可能在桦树初生发育中起重要作用。此外,CCG008789.1 可能参与茎的次生生长。

2.3.11 参与木质素生物合成途径的关键酶基因表达分析

木质素生物合成是次生壁形成和次生茎发育过程中的一个关键步骤。本研究中，在第三和第五茎节中，木质化的细胞数量显著多于第一茎节。在茎发育过程中，鉴定了编码木质素生物合成的关键酶基因，其中一些基因在白桦茎的第三和第五茎节次生茎发育过程中的表达量高于第一茎节。PAL 是调控木质素单体生物合成的关键酶（Zhang et al.，2013），参与细胞壁中阿魏酸形成网络的调控（Wakabayashi et al.，2012），在本研究中，一个编码 PAL 的基因（*BpPAL*：CCG009540.1）表达量在第三茎节中高于第一茎节，同时另外一个 *PAL* 基因（CCG006848.1）在第五茎节中的表达量低于第一和第三茎节，这些结果说明前一个基因（CCG009540.1）在白桦次生茎发育早期次生壁的木质化过程中起促进作用，而后一个基因（CCG006848.1）参与早期木质素单体的生物合成。

4CL 是苯丙烷代谢途径的最后一个关键酶，在木质素单体合成过程中起重要作用。抑制 *4CL* 基因的表达会导致辐射松（*Pinus radiata*）形成弱木质化的管状组织（Wagner et al.，2009）。早期对白桦应拉木形成过程的研究显示，*4CL* 基因在木质化程度高的组织中高度表达（Wang et al.，2014）。本研究中，一个 *4CL* 基因（*Bp4CL*：CCG023649.1）在第三茎节中的表达量上调。CCoAOMT 是木质素单体生物合成过程中一个非常重要的酶，当亚麻（*Linum usitatissimum*）中的 *CCoAOMT* 基因被下调表达，转基因植株木质素含量降低（Day et al.，2009）。本研究鉴定了 7 个编码 CCoAOMT 的基因：CCG002653.1（*BpCCo1*）、CCG002572.1（*BpCCo2*）、CCG002578.1、CCG034051.1、CCG015567.1、CCG002577.1（*BpCCo3*）、CCG026347.1，这些基因的表达量在成熟的茎中高于幼嫩的茎。过氧化物酶（peroxidase，Prx）通过催化木质素单体的僵化和底物氧化催化木质素的聚合（Fagerstedt et al.，2010）。有研究表明，有 3 个拟南芥 *Prx* 基因与导管的木质化紧密相关（Tokunaga et al.，2009）。本研究中，3 个编码 Prx 的基因[CCG000206.1、CCG015183.1、CCG002324.1（*BpPrx*）]在第三和第五茎节中的表达量高于第一茎节。以前也有报道显示参与次生壁加厚的 *Prx* 基因在茎基部富集（Cato et al.，2006）。本研究中，第三和第五茎节中木质化的细胞壁数量多于第一茎节，次生壁逐渐加厚。相应地，与木质化相关的基因在成熟茎中显示了表达增加的趋势。这些结果说明本研究鉴定的相关基因可能参与白桦茎次生生长过程中的木质素生物合成和次生壁的发育。

2.3.12 纤维素合成相关酶类分析

纤维素是植物初生和次生壁的主要组分。白桦茎切片显微分析结果显示，不同的茎节处于初生或次生发育的不同阶段（图 2-2D～F、图 2-3）。在此基础上，对参与初生或次生茎生长的纤维素合成相关基因进行重点分析。

　　CesA 基因参与植物的生长，尤其是纤维素的合成。在树木增粗生长过程中，至少有两种类型的纤维素合成机制调控木材的形成（Lu et al.，2008），因此可能存在着不同的 CesA 异构体（Andersson-Gunnerås et al.，2006），植物中不同的纤维素合酶在初生和次生壁合成过程中起着不同的调控作用（Burn et al.，2002；Tanaka et al.，2003）。本研究中，一个纤维素合酶基因（BpCesA：CCG008674.1）在第三和第五茎节中的表达量低于第一茎节。另外一个纤维素合酶相似蛋白 G2-like 基因（CCG020384.1）在第五茎节中的表达量也低于第一茎节，qRT-PCR 分析（图 2-8）也验证了这个结果。综合考虑切片分析结果，推测本研究中鉴定的纤维素合酶基因可能参与白桦茎初生生长过程中的纤维素合成。进一步将这些基因与拟南芥的纤维素合酶基因进行序列比对分析，发现它们与参与初生细胞壁发育的拟南芥纤维素合酶基因 AtCesA1、AtCesA2 和 AtCesA3（Burn et al.，2002）具有同源性。在白桦中，与茎中部相比，BplCesA3 在幼茎中的表达量更高（Liu et al.，2012）。在竹子中，BoCesA2、BoCesA5、BoCesA6 和 BoCesA7 与初生细胞壁合成相关，主要在初生细胞壁形成早期未伸长的茎节中表达（Chen et al.，2010）。这些研究证明了本研究中鉴定的 CesA 基因参与初生生长过程中初生细胞壁中纤维素合成的调控。

　　同时，本研究还鉴定出一个与核糖 5-磷酸异构酶（ribose 5-phosphate isomerase）同源的 BpRPIs（CCG000719.1）基因和一个 COBRA-like 基因（BpCOBRA-like：CCG019378.1），它们在第三和第五茎节的表达量低于第一茎节。拟南芥核糖 5-磷酸异构酶突变体植株纤维素含量降低（Howles et al.，2006），说明该基因是纤维素合成的正向调控因子。COBRA 和 COBRA-like（COBL）基因编码糖基磷脂酰肌醇锚定蛋白，与桉树和水稻中初生细胞壁形成过程中的纤维素合成密切相关（Liu et al.，2013；Thumma et al.，2009）。因此，本研究中鉴定的两个基因可能参与初生茎生长过程中初生细胞壁纤维素合成的调控。

　　有报道显示丝氨酸-苏氨酸蛋白激酶（serine-threonine protein kinase）（GenBank 序列号：JQ432560）诱导转基因烟草植株木质部扩展区的形成，促进纤维素的合成，这加强了茎的机械支撑力度（Ghosh et al.，2013）。本研究鉴定了一个丝氨酸-苏氨酸蛋白激酶（JQ432560）的同源基因（BpSTPs：CCG008789.1），该基因在第三和第五茎节中的表达量显著高于第一茎节。一个编码微管相关蛋白（microtubule-associated protein，MAP）的基因（BpMAP：CCG012367.1）主要在第五茎节富集表达，其表达量在第五茎节中显著高于第三和第一茎节。一个已有研究同样揭示了杨树 MAP 基因在次生壁合成过程中强烈的上调表达，并且与欧美杨（Populus tremula × P. tremuloides）次生壁相关纤维素合酶基因紧密地协同表达

（Rajangam et al.，2008）。MAP 同样参与拟南芥 *AtMAP70-5* 作用的木质部细胞的次生壁形成组织调控（Pesquet et al.，2010）。本研究中的第三和第五茎节处于次生发育的阶段，在第三和第五茎节中，能够观察到韧皮部纤维束和次生木质部已经发育（图 2-3B、C），但是第一茎节中未发现相关组织，说明本研究鉴定的 *BpSTPs*（CCG008789.1）和 *BpMAP*（CCG012367.1）基因可能与白桦次生木质部和韧皮部的茎次生发育过程中次生壁纤维素的合成相关。

2.3.13 细胞壁修饰相关基因的分析

几丁质酶（chitinase）是细胞壁修饰酶类中重要的一个亚组（Adams，2004），与木质素的累积和细胞壁完整性的保持相关（Hossain et al.，2010；Kamerewerd et al.，2011）。本研究中鉴定了编码几丁质酶的基因 *BpCTs*（CCG009016.2），该基因的表达量在第三和第五茎节中显著高于第一茎节。与前人研究结果相吻合，该结果说明几丁质酶参与白桦茎发育过程中的细胞壁修饰。果胶酯酶（pectinesterase）是植物体内广泛分布的细胞壁相关酶类，这种酶存在几种不同的异构体。果胶酯酶作用于植物细胞壁修饰及后续的降解过程，对细胞壁组分生产有两种截然不同的影响，使细胞壁僵化或松弛（Di Matteo et al.，2005）。本试验中，白桦果胶酯酶基因 *BpPE*（CCG009877.1）在第五茎节中的表达量显著高于第一茎节。第五茎节比第一茎节的茎要发育成熟，大部分细胞壁变硬，细胞形状固定（图 2-2），说明本研究鉴定的果胶酯酶可能作用于白桦茎发育过程中的细胞壁强度增加。本研究也观察到葡萄糖基转移酶（glucosyltransferase）基因，*BpGTs1*（CCG001675.1）在第五茎节的表达量高于第一茎节。有研究报道，抑制葡萄糖基转移酶基因的表达能够引起细胞壁组分的变化（Zabotina et al.，2008），说明该基因在细胞壁修饰过程中有正向调节作用。因此，本研究鉴定的葡萄糖基转移酶基因有可能参与白桦细胞壁的修饰。

2.3.14 小结

本研究分析了白桦第一、第三和第五茎节的基因表达。鉴定了 334 个在第一和第三茎节间差异表达的基因，465 个在第一和第五茎节间差异表达的基因，只有 30 个基因在第三和第五茎节间差异表达。数字基因表达谱分析及植物组织化学分析结果帮助我们鉴定了初生茎和次生茎发育过程相关基因。在初生组织中，与细胞壁扩展、初生壁纤维素合成相关的基因表达量高于次生组织。而与维管形成层构建、木质素合成、次生壁纤维素合成、细胞壁修饰、木质部扩展相关基因在次生茎中的表达量显著高于初生茎。植物激素响应基因及植物转录因子具有复杂的表达模式，不同的家族成员参与不同发育阶段的调控（图 2-10）。

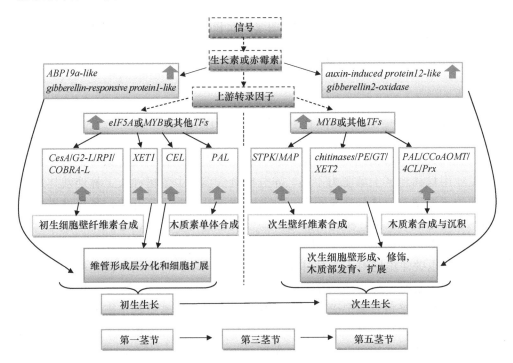

图 2-10　不同家族成员参与不同发育阶段的调控（彩图请扫封底二维码）

第3章 激素处理及施肥对白桦木质部发育及材性的影响

3.1 引　言

我国人工林面积位列世界第一位。但因受自然、社会经济条件的限制，多数工业用材林地区土壤肥力不高，养分比例失调，少数树种人工林连栽林地存在地力衰退现象，林分质量不高。为此，我国从"八五"开始，系统地进行了杉木、马尾松、桉树、杨树、湿地松和火炬松等树种短周期建筑材与纸浆材人工林施肥效应的研究（张建国等，2006）。人们在追求施肥对人工林高产效应的同时，也关注施肥对人工林林木木材性质的影响。目前国内在施肥对材性影响的研究上已有一些报道。研究发现，不同施肥处理对 I-69 杨的双壁厚、腔径、壁腔比和微纤丝角影响显著，而对纤维长度、宽度和木材基本密度影响不显著（黄振英等，2003）。夏玉芳（2001）发现施肥对管胞形态影响不大，施肥对木材基本密度的影响较复杂，似乎与肥料种类、施肥量，甚至与树干部位有关，施肥使下部木材基本密度显著增加，施氮肥和钾肥对木材的基本密度的影响不大。柴修武等（1993）发现施肥对杨木材性影响的负效应，指出杨木质纤维长度、力学强度和化学成分含量与施肥引起的快速生长量间呈弱度负相关，在培育建筑结构用材林时应控制氮肥的施用量。施肥对杉木人工林木材性质影响效应不明显（王忠营，2008）。桉树人工林施肥木材密度显著降低（方文彬等，1995）。施肥处理对尾叶桉木材纤维长度没有显著影响，对纤维宽度的影响显著，且有增大效应（张耀丽等，2000）。

白桦（*Betula platyphylla*）是一个北温带的广布种，生长迅速，适应性和抗逆性较强，是原生针叶林或针阔叶林受破坏后所形成的次生林（刘晓春等，2008），除了对恢复森林和维护森林的生态效益有重要意义外，其材质优良，可作锯材、单板材，也可作纸浆材，是多种工业用材的原料。白桦林分布广泛，遍及东北、华北、西北和西南的四川等地，其蓄积量占全国桦木类的87%，东北林区集中了全国白桦面积总蓄积量的2/3以上，具有全球范围内的广阔的发展前景。施肥处理是人工林速生丰产的关键技术措施之一，然而对于人工用材林来说，只考虑速生丰产还不够，还必须考虑产出木材的性能和质量，只有优质高产才是人工用材经营的完整目标，而且近年来随着国民经济的快速发展、市场需求的不断扩大，我国对于木材原料的需求量巨大，这种急需与供应严重不足的矛盾，突出了对白桦材性改良工作的重要性。因此本章通过研究不同施肥对白桦材性的影响，探索白桦材性形成的营养基础及影响因素，进而为进行白桦材性改良奠定基础。

木质部组织的拓宽对植物生长至关重要，特别是对于木本植物的生长显得尤为重要。因此，木质部组织的拓宽过程对经济用林有特别的意义。揭示调控树木的木质部激活和次生壁的信号转导过程可能为最大限度地提高作物产量的潜在机制提供新的视角。在初级生长过程中，原形成层分化成维管组织，包括木质部，首先形成原生木质部，然后维管形成层通过次生生长发育形成次生木质部（Nieminen et al.，2004）。研究显示，木质部组织的拓宽过程被生长素、细胞分裂素、赤霉素和乙烯等植物激素所控制（Milhinhos and Miguel，2013）。赤霉素 3（GA$_3$）是四环二萜类植物生长激素，能够调控植物的多种生理过程，包括种子发芽、茎伸长、叶膨胀、根生长和生殖器官的发育等（Schwechheimer and Willige，2009；Ribeiro et al.，2012；Ayano et al.，2014）。有研究表明，GA$_3$ 通过调控脱落酸和细胞内活性氧的抗氧化状态来诱导休眠燕麦的发芽（Mauriat and Moritz，2009）。拟南芥（*Arabidopsis thaliana*）中，内源性 GA$_3$ 处理的种子要比对照组的发芽时间快并且发芽率高（Ragni et al.，2011）。据报道，形成层中赤霉素信号能够调控木质部发生并促进纤维伸长（Oda and Fukuda，2012）。在拟南芥中，外源赤霉素的补充显著增加木质部面积与总植物面积的比例并增加了纤维的比例（Ko et al.，2009）。在烟草（*Nicotiana tabacum*）中，内源赤霉素含量的增加能够诱导木质部发生的显著增加（Ohashi-Ito et al.，2010）。在毛白杨（*Populus tomentosa*）中，赤霉素受体 *PttGID1.1* 或 *PttGID1.3* 基因的过表达能够刺激形成层活性从而增强木质部产生（Oda and Fukuda，2012）。赤霉素不仅抑制胡萝卜根的增大，而且通过调节木质素的生物合成来增强次生木质部的木质化（Wang et al.，2017）。Zhang 等（2021）在对太子参（*Pseudostellaria heterophylla*）的研究中发现 GA$_3$ 促进茎尖和根尖生长，但抑制其根和茎扩张，说明 GA$_3$ 通过调节激素的合成、运输和生物活化来激活顶端分生组织并抑制侧向分生组织，从而打破了激素的既定分布。赤霉素在激活木质部和次生壁发育中的信号过程需要进一步研究。

有的学说认为赤霉素能够激活基因调控的转录网络工作（Wang et al.，2011b）。先前的一个研究发现拟南芥中的 NTL8（膜结合的 NAC 转录因子）通过赤霉素代谢介导种子萌发的盐调控途径（Zhong et al.，2008）。在转基因烟草中，*SbMYB2* 和 *SbMYB7* 基因可能通过赤霉素途径调节次生生物合成（Yuan et al.，2013）。在赤霉素信号下，与纤维素、木聚糖和木质素生物合成相关的纤维素合酶（CesA）、苯丙氨酸解氨酶（PAL）及其他酶能够被转录因子 NAC 和 MYB 所调节（Pimenta Lange and Lange，2006；Zhong et al.，2010；Liu et al.，2012）。所以本研究假设在白桦植株中，在赤霉素信号下，NAC 和 MYB 转录因子及次生壁合成相关基因同样控制木质部的发育过程。NAC（NAM、ATAF1/2 和 CUC）转录因子家族的成员被描述为木质部细胞和次生壁（SCW）沉积的顶级调节因子。研究表明，用生长素处理杨树茎后，可抑制与纤维和 SCW 形成相关的 NAC 转录因子的转录，而 GA_3 可诱导参与次生壁形成的两类 NAC 结构域转录因子（SWN）的表达。Johnsson 等（2019）通过茎的切片研究发现生长素处理降低了细胞壁厚度，而 GA_3 对 SCW 沉积和木材形成速率具有促进作用。

为了研究 GA_3 对白桦种子萌发和木质部发育的影响，本研究监测了幼苗的发芽情况、鲜重和下胚轴长度，并分别将幼苗及成苗的下胚轴和茎进行了横切以观察木质部的发育，同时利用实时荧光定量 PCR（qRT-PCR）技术分析 NAC 和 MYB 转录因子及纤维素合酶、苯丙氨酸解氨酶和赤霉素氧化酶基因的表达情况。这项工作有望能进一步阐明白桦木质部的发育机制。

3.2 施肥对白桦材性性状影响分析

3.2.1 材料与方法

1. 白桦试验材料的施肥处理

苗木在东北林业大学林木遗传育种基地内室外空地进行培育，定植在塑料桶（直径×高=300mm×400mm）中，培育基质为 V（草炭土）：V（河沙）：V（黑土）＝4：2：2，夏季每周浇 2 次水保证水分充足，冬季用雪进行覆盖保证水分，定期除草。在 2009 年对二年生白桦实生苗进行不同施肥处理，施加肥料分别为 N、P、K、T（混合全营养元素），不施肥作为对照（CK），连续施加 3 年，速效氮、速效磷、速效钾分别为 NH_4NO_3、$Ca(H_2PO_4)_2H_2O$、K_2SO_4，为便于试验操作，均为固体分析纯试剂，厂家为西陇化工股份有限公司，施肥时各配方均配制成 1/1000 质量浓度的营养液，每年 5 月 1 日开始根部施肥，每 15 天施 1 次，9 月 14 日结束，由于苗龄不同，所以每年的施肥量略有不同，施肥时期与浓度见表 3-1。施肥处理 3 年后正常浇水，于 2012 年也就是第五年 12 月，生长结束后分别测定不同处理组与对照组（未施肥）的生长性状并进行取材，取材部位为主干胸径上下 50cm 部分，材料储存在–80℃冰箱内备用，其中每个处理组与对照组均取 3 株苗木进行平行试验，之后对保存材料进行一次性测定。试验中测定的指标有：胸径、冠幅、木质素含量、纤维素含量、纤维长度和宽度、导管形态变化、木材基本密度、微纤丝角等。

表 3-1　不同生长发育时期氮、磷、钾元素的施肥量（g/株）

| 处理 | 树龄 | 5 月 1 日~6 月 30 日 | | | 7 月 1 日~8 月 14 日 | | | 8 月 15 日~9 月 14 日 | |
		氮肥	磷肥	钾肥	氮肥	磷肥	钾肥	磷肥	钾肥
T	2	0.70	0.55	0.43	0.47	0.88	0.72	0.35	0.29
	3	2.35	1.42	1.15	1.40	1.40	1.15	1.05	0.86
	4	2.63	1.42	1.15	1.58	1.75	1.43	1.40	1.15
N	2	0.07			0.47				
	3	2.35			1.40				
	4	2.63			1.58				
P	2		0.55			0.88		0.35	
	3		1.42			1.40		1.05	
	4		1.42			1.75		1.40	
K	2			0.43			0.72		0.29
	3			1.15			1.15		0.86
	4			1.15			1.43		1.15

注：N、P、K、T 分别代表 N 肥、P 肥、K 肥和混合全营养元素肥料的处理组，下同

2. 胸径、冠幅测定

利用胸径尺分别测定 N、P、K 及 T 肥料处理下五年生的白桦实生苗、对照组（未施肥）的胸径，并利用皮尺测定其东西方向冠幅。每组测量 3 株，每株测量 3 次，对其进行多重比较。

3. 木质素、纤维素含量测定

利用《造纸原料酸不溶木素含量的测定》（GB/T 2677.8—1994）测定木质素含量，利用硝酸乙醇法测定纤维素含量（王林风和程远超，2011）。

4. 纤维长度、宽度测定

将材料切成火柴杆状粗细，放在加有硝酸和少量氯化钾的试管中。用试管夹夹住，在水浴锅中加热，待木材变黄白色或白色，并且试样边缘开始有纤维散开时即可停止加热，倒掉硝酸溶液。待试管冷却后，用水洗涤 3 次左右，再加入半试管蒸馏水，用手指按住管口。用力振荡，令木材变为木浆即可。用针挑出少量木浆放于载玻片上，加 1 滴水，盖上盖玻片在体视显微镜（Olympus DP26）下利用 cellSens Entry 软件观察并对不同施肥组分别随机测定 30 条形态完整、摆放笔直的纤维的长度和宽度。

5. 导管形态变化

利用滑走式切片机对木材进行横切片，番红染色后，在体视显微镜下观察导管形态及数量变化，统计其单位面积内导管数量；利用滑走式切片机对木材进行横切片，在扫描电子显微镜（SEM）（JCM-5000 NeoScope）下观察导管形态及弦径变化，随机测定 50 组被测样本的导管弦径数据。

6. 木材基本密度测定

采用排水法分别测定不同施肥组的不同株系在胸径处的木材基本密度。

7. 微纤丝角测定

将一条木材样本隔年轮做弦切面切片，切片厚度为 10～15μm；切片经过酸解脱木质素和酒精脱水后，用碘化钾溶液染色，经硝酸固定后立即在 400 倍可读角度的显微镜下观察测定微纤丝角（孙成志和尹思慈，1980）。

3.2.2 施肥对生长性状的分析

施肥后白桦的胸径及冠幅都有不同程度的增加（表 3-2），其中施加 N 肥和 T 肥料处理组增加最为明显，而施加 K 肥和 P 肥处理组次之，施加 N 肥和 T 肥料处理组白桦胸径、冠幅与对照组差异极显著，而施加 K 肥和 P 肥与对照组差异不显著。

表 3-2 不同施肥处理后白桦生长性状多重比较

处理	胸径		冠幅	
	均值（cm）	标准差	均值（cm）	标准差
T	4.0C	0.26	185C	5.3
N	3.4B	0.05	172B	2.0
K	2.4A	0.34	127A	3.4
P	2.2A	0.33	122A	1.5
CK	2.1A	0.06	123A	2.3

注：表中数据为平均值，不同字母表示处理间差异显著（$P<0.05$），下同

3.2.3 施肥对木质素和纤维素含量的影响

如表 3-3 所示，施加 N 肥和 T 肥料的白桦相对于对照组纤维素含量显著增加，分别增加 8.8%、14.5%，而施加 K 肥、P 肥的白桦组纤维素含量没有明显变化；同时 4 个处理组相对于对照组木质素含量没有明显变化。由此说明施肥对白桦的

纤维素含量是有影响的，并且 N 肥对其影响效果较为明显。

表 3-3　不同施肥处理后白桦纤维素、木质素含量多重比较

处理	纤维素含量		木质素含量	
	均值（%）	标准差	均值（%）	标准差
T	44.2C	3.3	19.3A	2.7
N	42.0B	4.2	20.1A	2.2
K	38.9A	2.0	18.6A	2.5
P	39.2A	3.3	18.9A	2.1
CK	38.6A	2.1	18.6A	1.6

3.2.4　纤维长宽的分析

施加肥料的白桦与未施肥的白桦相比，纤维长宽均有不同程度的变小（表3-4）。施加 T 肥料的白桦纤维长度减小程度最大，纤维长度最短，而施加 N、P、K 肥的三组白桦纤维长度大小依次为 P＞K＞N，施加 N、K 和 T 肥料后的处理组相对于对照组纤维长度的变化是显著的；纤维宽度上，施加 T 肥料的白桦减小程度最大，纤维宽度的大小顺序为 P＞K＞N＞T，施加 N 肥和 T 肥料后的处理组相对于对照组纤维宽度的变化是显著的。同时施加 P、K 肥料的处理组其纤维长宽比相对于对照组都是变大的，并且变化显著，而施加 N、T 肥的处理组其长宽比小于对照组。

表 3-4　不同施肥处理后白桦纤维长宽及长宽比多重比较

处理	纤维长平均值（μm）	纤维宽平均值（μm）	纤维长宽比平均值
N	720.13	17.08	42.16
P	820.37	18.07	45.40
K	772.01	17.66	43.72
T	669.44	15.92	42.05
CK	837.19	19.35	43.26

3.2.5　施肥对导管的影响

在体视显微镜下观察，施加 N 肥和 T 肥料的处理组相对于对照组年轮宽度显著增加（图 3-1），与上文中胸径增加的结果相一致。表 3-5 显示，施肥后的白桦处理组相对于未施肥的对照组在单位面积内，导管数量显著增加，尤其是 T 肥料处理组，导管数量明显增加且导管变细。在扫描电子显微镜下观察不同处理组的木材横切面，统计其导管弦径多重比较，发现施加 N 肥与 T 肥料处理组的导管相对于未施肥组明显变小，并且其差异显著（表 3-5，图 3-2）。

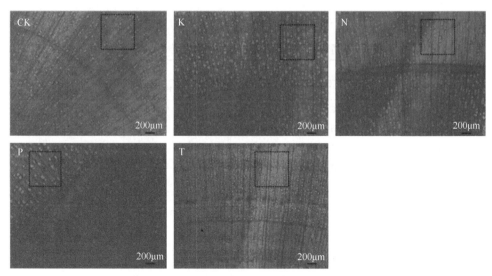

图 3-1　体视显微镜下经过番红染色的木材横截面（彩图请扫封底二维码）

表 3-5　不同施肥处理后白桦单位面积内导管数量、导管弦径多重比较

处理	单位面积内导管数量		导管弦径	
	均值	标准差	均值（μm）	标准差
T	61.0D	2.91	41.07A	3.2
N	39.2B	2.59	43.00A	3.4
K	51.2C	2.58	47.84B	3.1
P	40.8B	2.38	47.85B	2.3
CK	31.8A	2.39	47.63B	4.1

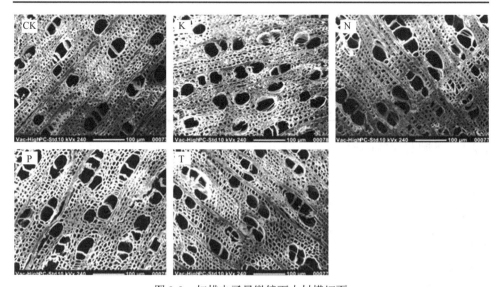

图 3-2　扫描电子显微镜下木材横切面

3.2.6 木材基本密度及微纤丝角分析

木材基本密度是决定木材材性的重要因素。由表 3-6 可知，施加 P 肥的处理组相对于对照组基本密度有所增加，且达到显著水平，而其他施肥组基本度相对于对照组也有一定的改变，但其差异不显著。木材纤维细胞次生壁 S2 层微纤丝角是评定材质和纸张的重要因素之一，直接关系到木材的机械和化学加工利用。微纤丝角越小，木材的强度越大，变形越小（柴修武等，1991）。不同施肥处理对微纤丝角也产生了不同程度的影响，施加 N 肥与 T 肥料的处理组与对照组相比微纤丝角明显增加，而施加 P 肥的处理组微纤丝角有所减小，并且其变化相对于对照组是显著的（表 3-6）。

表 3-6 不同施肥处理后白桦木材基本密度和微纤丝角多重比较

处理	木材密度		微纤丝角	
	均值（g/cm²）	标准差	均值（°）	标准差
T	0.4767A	0.034	17.5C	2.6
N	0.4833A	0.041	17.8D	2.3
K	0.4770A	0.038	14.4B	2.5
P	0.5107B	0.039	13.4A	2.1
CK	0.4877A	0.042	14.16B	1.6

研究表明，不同施肥处理对白桦材性的影响是较为显著的，在木材纤维长宽比、纤维素含量、植株生长性状、木材基本密度及导管和纤维形态上都有不同程度的改变。

研究发现，施肥后尤其是施加氮肥和混合全营养元素肥料后白桦生长速度明显加快，同一生长期内白桦胸径与冠幅显著增加，说明施肥确实能够促进白桦生长，提高生长量。施加氮肥和混合全营养元素肥料后白桦木材的纤维素含量显著增加，但木质素含量并没有显著变化。何木林（2006）发现施肥能明显提高尾赤桉无性系 DH201-2 林分生长量和纤维产量，钟宇等（2011）也指出合理施用氮或钾可以提高木材纤维素含量，施用磷无助于木材纤维素含量的提高，而罗建举等（1998）发现施肥处理对尾叶桉纤维素含量和木质素含量均没有显著影响，由此可见施肥对木材纤维素含量的影响可能因树种的不同而有所差异。而本研究结果显示，合理施加氮肥有利于提高白桦纤维素含量。施肥后尤其是施加氮肥和混合全营养元素肥料后白桦的纤维长宽都有所减小，但纤维长宽比并没有降低，而且施加磷肥、钾肥及混合全营养元素肥料后，反而有所增加。已有研究表明，施肥对杨木材性影响具有负效应，指出杨木质纤维长度与施肥引起的快速生长量间呈弱度负相关（柴修武等，1993）；潘彪等（2004）研究发现对尾叶桉无性系施肥处理后，其纤维长宽比显著增加。一般认为，纤维细而长，长宽比值大，造纸打浆时有较大的结合面积，纸张强度高。此外，木材纤维长宽比大有利于交织，造出的纸强度高（朱惠方和李新时，1962）。同时，木材的纤维素含量是衡量木材造纸性能的一个重要指标，纤维素含量越高，制浆得率就越高。纤维素含量和纤维形态研究结果表明，施加合适的肥料可以一定程度提高白桦木材造纸性能。

研究结果也显示，不同施肥处理对白桦的木材基本密度影响不大，但磷肥除外，施加磷肥后木材密度显著增加，与此同时其微纤丝角也显著减小，夏玉芳（2001）研究也发现施加磷肥可有效提高马尾松的木材密度，黄振英等（2003）发现不同施肥处理对 I-69 杨微纤丝角有显著影响，差异显著性达 1%水平。有研究采用二年生白桦实生苗，对其连续进行三年施肥处理，不同苗龄可能对养分的吸收效率不同（任军等，2008），不同的施肥浓度也可能对白桦木材的材性影响不同，以后研究中可尝试不同苗龄的白桦及不同浓度施肥的处理。

3.2.7 小结

本研究结果显示不同施肥处理对白桦的木材基本密度影响不大，施加氮肥白桦相对于对照组（不施加肥料）的生长性状变化显著，胸径、冠幅明显增加，纤维素含量显著增加，木质素含量差别不明显，纤维长宽显著减小，长宽比没有明显变化；而施加磷肥后木材密度显著增加，微纤丝角显著减小。因此合理施加氮肥可以一定程度提高白桦木材造纸性能，合理施加磷肥可有效提高木材的机械强度。

3.3 激素处理对白桦木质部发育及细胞壁形成相关基因表达调控的影响

3.3.1 材料与方法

1. 种子的萌发及处理

收集东北白桦（*Betula platyphylla*）种子并在 4℃下储存在密封的塑料盒中。种子在塑料盆中发芽前用自来水彻底冲洗，然后置于 30℃下孵育。每隔一天用含有 0.1%（*V/V*）Tween-80 和 0.1%（*V/V*）乙醇的 300ppm[①] GA$_3$、300ppm GA$_3$+300ppm PAC（GA 生物合成抑制剂）、300ppm PAC 润湿发芽的种子，用含有 0.1% Tween-80 和 0.1%（*V/V*）乙醇的水处理作为对照。7 天后，仅用水润湿所有种子。在每个试

[①] 1ppm=10^{-6}

验条件下培养 50 颗种子，所有试验重复三次。每天记录发芽种子的数量，持续 15 天，当出现的胚根长约 2mm 时，则认为种子发芽了。在第 15 天，当所有处理中 3 天没有进一步发芽时，计算发芽种子发芽率、发芽势和发芽时间。同时记录下胚轴长度并在萌发后第 15 天对新鲜幼苗进行称重。收集发芽种子的下胚轴并将其固定在 FAA 固定液中进行进一步解剖分析。

$$发芽率 = \frac{发芽种子数量}{种子总数量} \times 100\%$$

$$发芽势 = \frac{高峰期发芽种子数量}{种子总数量} \times 100\%$$

$$发芽时间 = \frac{\sum(浸种至当日发芽所需天数 \times 当日发芽粒数)}{总发芽粒数}$$

2. 幼苗生长及处理

将白桦种子播种在塑料盆中，并在 60%～70%的相对湿度和 400μmol/(m²·s) 光照强度下，在 16h/8h 昼夜（24℃/22℃）的温室中培养。两个月后，幼苗在达到相同高度后，移植到盆中生长，每隔一天喷洒 50μmol/L GA₃、50μmol/L GA₃+50μmol/L PAC、50μmol/L PAC 溶液并用水处理作为对照，持续 21 天。在 50μmol/L GA₃、50μmol/L GA₃+50μmol/L PAC、50μmol/L PAC 处理后的第 3 天、第 7 天、第 14 天和第 21 天分别收获白桦幼苗的茎。每个收获时间每个处理使用 6 株幼苗，每个试验设 3 个生物学重复（每个条件总共 18 个幼苗）。将每种条件下的 3 株幼苗的基部茎段固定在 FAA 固定液中，用于解剖分析。其他 3 株幼苗的茎部立即在液氮中冷冻并储存在–80℃下用于 RNA 提取，然后用于 qRT-PCR 分析。

3. 组织学分析

为了观察发芽后 15 天的下胚轴和发芽后至少 2 个月的茎中木质部的发育，手动将 GA₃、GA+PAC、PAC 和对照下处理 21 天后的下胚轴的基部切成约 50μm 的部分。将 2 个月大的白桦茎从基部到尖端的第 5 个节间手动切割成约 50μm 的部分。下胚轴和茎横截面用 0.025%甲苯胺蓝或 5%盐酸-间苯三酚染色。从使用甲苯胺蓝染色的切片测量下胚轴的直径（μm）和木质部细胞的数量；木质部面积与总面积的比率使用 ImageJ 软件（http://rsbweb.nih.gov/ij/），测量用盐酸-间苯三酚染色的切片木质部面积与总面积的比率，设置 3 个生物学重复。

4. 白桦 SCW 基因的 DGE 分析

使用白桦转录组数据的 DGE 分析选择白桦 SCW 基因（Wang et al., 2014）。每个基因的丰度通过计算每百万读序中来自某基因每千碱基长度的读序数

（RPKM）来确定（Mortazavi et al.，2008）。本研究使用 FDR≤0.001 和 log₂Ratio 的绝对值≥1 作为对应木（OW）、应拉木（TW）和直立木（NW）之间基因表达显著差异的阈值。赤霉素氧化酶基因选自白桦基因组。

5. 白桦 SCW 基因的生物信息学分析

用 ExPASy 的 pI/Mw 工具（http://www.expasy.org/tools/protparam.html）计算每个白桦蛋白质的分子量（MW）和等电点（pI）预测值。本研究为了分析白桦基因与拟南芥中已知木质部发育基因的同源性，从拟南芥数据库中下载了 *PAL*、*GA20ox*、*GA2ox* 和 *GA3ox* 基因序列（http://www.arabidopsis.org/）。将序列与 ClustalW（http://www.ebi.ac.uk/clustalw/）进行比对。基于 MEGA5.1 使用邻接法（neighbor-joining method，NJ 法）构建系统发生树。

6. RNA 提取和 qRT-PCR 分析

使用十六烷基三甲基溴化铵（CTAB）方法提取每个白桦的第一到第五茎节的总 RNA。对于 qRT-PCR 分析，用 DNase I 处理总 RNA，并使用 PrimeScript™RT 试剂盒（日本 TaKaRa 公司）合成第一链 cDNA。使用 SYBR Premix Ex Taq™ 进行 qRT-PCR，并通过 Primer Premier 5 软件（美国 Premier 公司）设计来自白桦 TW、OW 和 NW 转录组的 *NAC*、*MYB*、*CesA* 和 *PAL* 基因（Wang et al.，2014）的定量引物（表 3-7），并对来自白桦基因组的 *GA20ox* 基因（http://birch.genomics.cn/）在以下条件下进行 qRT-PCR 分析：94℃，30s；94℃ 12s，58℃ 30s，72℃ 45s，45 个循环；79℃读板 1s。为每个样品生成熔解曲线以评估扩增产物的纯度。通过 *α-tubulin*（GenBank 序列号：FG067376）和 *ubiquitin*（GenBank 序列号：FG065618）参考基因将每个基因的 PCR 阈值循环数标准化，进一步确定相对 mRNA 水平。使用 ΔΔCt 方法根据阈值循环计算表达水平（Pfaffl et al.，2002）。试验设置 3 个生物学重复。

3.3.2　白桦种子发芽分析

将白桦种子用 GA₃、PAC 进行润湿处理。GA₃ 处理种子的发芽率（93.33%）显著高于对照组（71.33%）、PAC 处理（54.67%）及 GA₃+PAC 处理（84.00%）（图 3-3A）。GA₃ 处理种子的发芽势（72.00%）也显著高于对照组（46.00%）、PAC 处理（26.67%）及 GA₃+PAC 处理（61.33%）（图 3-3B）。GA₃ 处理种子的发芽时间（近 7 天）比对照组（约 8 天）、PAC 处理（约 9 天）及 GA₃+PAC 处理（7 天多）要短（图 3-3C）。有研究表明，种子休眠和发芽受许多基因和环境因素调节（Pimenta Lange and Lange，2006）。有多种方法被用来打破种子休眠，包括激素、光、温度

表 3-7 **SCW 基因 qRT-PCR 分析引物设计**

基因名称	引物序列（5′→3′）	基因 ID	扩增长度（bp）
BplNAC1	5′-CAAACCCAACCGAGACAATG 3′-TGAGTGGTGCTTGCCCTATT	> unigene3883_All	158
BplNAC2	5′-GATAGGCTTGTGGCTTGTC 3′-CGATTTCGCTGTTGTAGTCC	> unigene2377_All	175
BplNAC3	5′-AGTGGGAACCTTGGGAGTT 3′-TCACATTGTTGGTGCGTCT	> unigene2081_All	177
BplNAC4	5′-CTGCTGCTGGATTCTGGAAG 3′-TCAGTTGTTTGGAGGCGAT	> unigene41278_All	160
BplMYB4	5′-CCCGAAGAGGACGAGATGCT 3′-TGGTATGGGCCTTGACGATG	> unigene41157_All	193
BplMYB5	5′-GAACAGTGGTGGGTGAGGAT 3′-TCCGAGGAAATCAATGAAGG	> unigene26465_Al	158
BplMYB83	5′-AGCCAATAAGCGAAGTAATC 3′-TCTGTTCTTGAAGCCTCTGT	> unigene26399_All	181
BplMYB52	5′-TGCTTTCCCGGCATCTATGT 3′-TCTGATTTCCTTCGCACCCT	> unigene22383_All	187
BplMYB85	5′-CGATAGGGTTTCTTTGGACT 3′-AGGAGGAGGGTAGCAACAGG	> unigene38433_All	150
BplCesA4	5′-GATTCTTGACCAGTTCCCT 3′-AGTTATGATTGGCGGTTCCT	> unigene26227_All	160
BplCesA7	5′-CTCCCTGCTATCTGCTTGCT 3′-TTGCTCGTTTCTCCACCATT	> unigene16894_All	162
BplPAL3	5′-TTTCGAGGCCAACATACAAG 3′-TTCACATAAGCACTCCCATC	> unigene3963_All	177
BplPAL4	5′-TTTCAAGCGGATTCCAGTAT 3′-TGCTCCAGTGAGAAGCGTAG	> unigene33308_All	184
BplGA20ox1	5′-TTTCCGCTACTCTGCTGATC 3′-TATTCCCTGAAATGGGCTCT	> unigene51147_All	192
BplGA20ox3	5′-GGTGCTCTATAATGCGATGC 3′-GTCTGCCATTTGTTGTTTGC	> unigene21391_All	154

处理等（Arana et al.，2014；Rhie et al.，2015）。内源性赤霉素在以前一直被用于打破种子休眠及促进种子萌发的研究（Peng and Harberd，2002）。本研究结果表明，GA$_3$ 促进了白桦种子的萌发，GA$_3$ 的使用改善 PAC 的抑制效应。

GA$_3$ 的使用显著地增加了在发芽时间前 15 天白桦幼苗的胚轴长度，GA$_3$ 处理的幼苗胚轴平均长度为 2.13cm，而对照组只有 0.62cm；GA$_3$ 处理的幼苗平均鲜重为 1.65mg，而对照组仅为 0.97mg。PAC 处理的幼苗胚轴平均长度只有 0.5cm，比对照组短；PAC 处理的幼苗平均鲜重只有 0.85mg，也要比对照组轻，说明 PAC 能够抑制白桦幼苗的生长。然而 PAC 的抑制效应能在 GA$_3$ 的处理下得到恢复，在 GA$_3$+PAC 处理下幼苗胚轴长度和鲜重分别是 1.52cm 和 1.30mg（图 3-3D～F），从

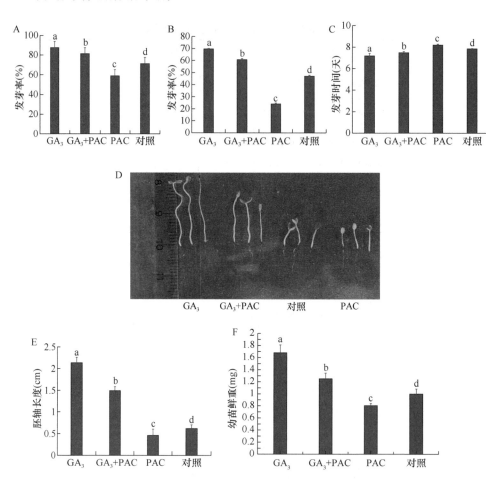

图 3-3　GA₃ 与 PAC 处理下白桦种子发芽分析（彩图请扫封底二维码）

A. 白桦幼苗的发芽率；B. 白桦幼苗的发芽势；C. 白桦幼苗的发芽时间；D. 白桦幼苗的生长情况；E. 白桦幼苗的胚轴长度；F. 白桦幼苗的鲜重。不同小写字母表示处理间差异显著，$P<0.05$，下同

而进一步说明 GA₃ 能够加快幼苗的伸长和生长，这与前人的研究结果一致（Martí et al.，2010；Sauret-Güeto et al.，2012；Zhang et al.，2010）。

3.3.3　白桦幼苗生长与次生木质部发育分析

发芽后 15 天对下胚轴进行切片，用甲苯胺蓝染色（图 3-4A）。在用 GA₃ 和 GA₃+PAC 处理的下胚轴中观察到木质部分化。在对照下胚轴或用 PAC 处理的下胚轴中，初级木质部的分化比用 GA₃ 和 GA₃+PAC 处理的下胚轴弱。GA₃ 和 GA₃+PAC 处理的下胚轴直径比对照大；然而，它在 PAC 中比在对照中更窄（图 3-4B）；GA₃（约 29 个）或 GA₃+PAC（约 26 个）中木质部细胞（图 3-4C）的数量多于对照（约 21 个），PAC（约 16 个）最少。这些结果表明 GA_3 促进木质部分化和初级木质部发育。

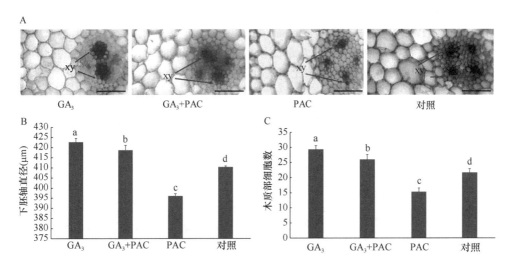

图 3-4　GA_3 与 PAC 处理发芽 15 天的白桦幼苗切片分析（彩图请扫封底二维码）

A. 木质部分化的甲苯胺蓝染色分析，xy 表示木质部细胞，比例尺=50μm；B. 下胚轴直径；C. 木质部细胞数

用 GA_3 与 PAC 处理 2 个月大的白桦幼苗，GA_3 处理和 GA_3+PAC 处理对白桦的生长有相似的影响。GA_3 处理下的白桦苗高为 36.97cm，GA_3+PAC 处理下的白桦苗高为 33.90cm，而对照组的苗高为 21.83cm，PAC 处理下的苗高为 11.03cm（图 3-5）。并且 GA_3+PAC 处理下的白桦茎有顶端生长优势，而 PAC 处理下的白桦茎顶端生长缓慢，这些结果说明 GA_3 能够促进白桦茎的伸长和顶端生长。

图 3-5　GA_3 与 PAC 处理 2 个月大的白桦幼苗的表型分析（彩图请扫封底二维码）

本研究用 GA_3、PAC 润湿 2 个月大的白桦幼苗发现 GA_3、PAC 对白桦幼苗的

生长具有与白桦下胚轴相似的作用。用 GA$_3$（36.97cm）或 GA$_3$+PAC（33.90cm）处理的幼苗比用水（21.83cm）或 PAC（11.03cm）处理的幼苗高，顶端生长活跃，表明 GA$_3$ 还促进茎伸长和顶端生长。在对 2 个月大的白桦幼苗进行不同时间的 GA$_3$、GA$_3$+PAC、PAC 处理后，获得茎的横切面并用盐酸-间苯三酚染色以突出木质部组织。在发育过程中，白桦茎部木质部面积扩大，以 GA$_3$ 或 GA$_3$+PAC 处理的幼苗扩大最快；单独用 PAC 处理的幼苗比用水处理的幼苗发育得慢（图 3-6A～P）。

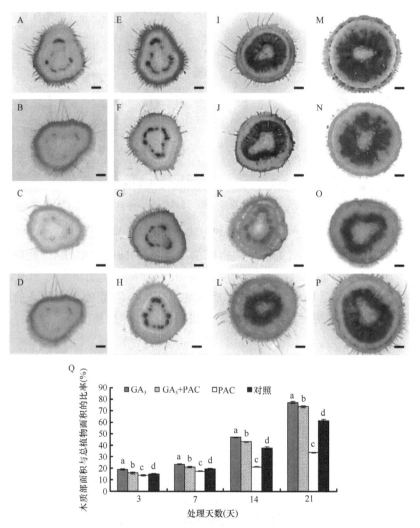

图 3-6　GA$_3$ 与 PAC 处理 2 个月大的白桦幼苗茎的切片分析（彩图请扫封底二维码）

A～D. GA$_3$ 和/或 PAC 处理 3 天；E～H. GA$_3$ 和/或 PAC 处理 7 天；I～L. GA$_3$ 和/或 PAC 处理 14 天；M～P. GA$_3$ 和/或 PAC 处理 21 天，A、E、I、M. GA$_3$ 处理；B、F、J、N. GA$_3$+PAC 处理；C、G、K、O. PAC 处理；D、H、L、P. 水处理（对照）。比例尺=1mm。Q. GA$_3$、GA$_3$+PAC、PAC 处理和对照 3 天、7 天、14 天或 21 天的白桦木质部面积与总植物面积的比率

本研究分别计算了 GA₃、GA₃+PAC、PAC 处理和对照处理下木质部面积与总植物面积的比率（图 3-6Q）。木质部面积占总面积的比例 GA₃ 处理的植株面积略高于对照和 PAC 处理，在第 3 天和第 7 天，GA₃ 处理分别为 18.5% 和 23.3%，对照组为 15% 和 19.2%，PAC 处理为 13.6% 和 17.1%。与对照组相比，GA₃ 处理下植物木质部面积与总面积的比率显著更高，但在第 14 天和 21 天时在 PAC 处理下显著降低。在第 14 天时，GA₃ 处理下的比例为 47.1%，对照组为 37.9%，PAC 处理下为 20.9%。在第 21 天时，GA₃ 处理下为 77.5%，对照组为 61.7%，PAC 处理下为 40%。有研究显示，GA₃ 能够促进很多物种木质部的发生（Jiang et al.，2008；Tokunaga et al.，2006）。在水曲柳中，GA₃ 处理促进了茎木质部的发育（Jiang et al.，2008）。在百日菊中，GA₃ 处理下导管分子的分化频率稍有提高，并且木质素含量也有所增加（Jiang et al.，2008）。PAC 处理可能通过抑制 GA₃ 合成抑制木质部发育（Ribeiro et al.，2012）。本研究的结果进一步证明，GA₃ 在白桦木质部发育中是一个重要的调控因子，这与前人的一些研究结果一致。

3.3.4　白桦 SCW 基因的序列特征及系统发育分析

对重力刺激处理的白桦茎 RNA-Seq 数据分析发现，*NAC*、*MYB*、*CesA* 和 *PAL* 基因在白桦应拉木、对应木和直立木中都有比较高的表达量（RPKM 值）（图 3-7），

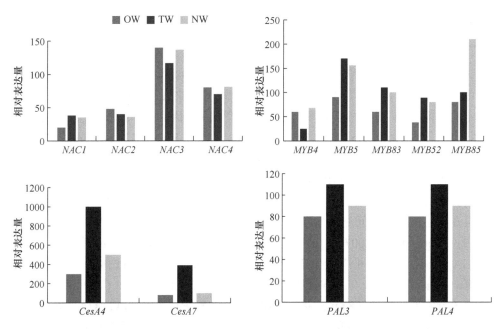

图 3-7　重力胁迫处理下白桦 SCW 相关基因的相对表达分析

意味着这些基因在调控白桦木质部发育中可能有一定的作用（Rost et al., 2003）。在木质部相关的 SCW 基因中，筛选出 *BplNAC*、*BplMYB*、*BplCesA*、*BplPAL* 和 *BplGA* 基因进行序列分析，结果发现其氨基酸长度在 218～1049aa，预测蛋白质分子量大小在 24.4～119.2kDa，并且等电点在 5.38～9.55（表 3-8）。

表 3-8 SCW 基因序列分析

基因名称	氨基酸长度（aa）	蛋白质分子量（kDa）	等电点
BplNAC1	430	48.5	8.76
BplNAC2	411	46.7	6.68
BplNAC3	531	60.1	6.41
BplNAC4	319	36.5	6.06
BplMYB4	262	29.3	7.70
BplMYB5	366	40.8	6.87
BplMYB83	363	41.0	5.38
BplMYB52	324	36.0	6.76
BplMYB85	218	24.4	9.55
BplCSEA4	1049	119.2	8.04
BplCSEA7	1041	118.0	6.11
BplPAL3	711	77.2	6.23
BplPAL4	771	85.0	6.12
BplGA20ox1	375	42.4	5.68
BplGA20ox3	310	35.6	6.30

同源蛋白通常共享保守域序列（Reeck et al., 1987），表明存在相似的功能。蛋白质功能通常使用多序列比对和系统进化树分析来表征（Pearson, 2013）。将鉴定的白桦 SCW 基因与拟南芥中木质部发育相关基因利用 NJ 法构建系统发育树（图 3-8）。结果发现，BplNAC1（unigene3883_All）和 BplNAC2（unigene2377_All）蛋白序列同源性高（图 3-8A），表明 BplNAC 在功能上可能与拟南芥的 AtNAC 相似。本研究发现 BplMYB83（unigene26399_All）蛋白序列类似于拟南芥的 AtMYB83 或 AtMYB46（图 3-8B），AtMYB46 和 AtMYB83 由 SND1 直接激活，并且在次生壁沉积期间充当 SND1 介导的转录网络中的分子开关（McCarthy et al., 2009；Zhong et al., 2007a）。GA₃ 促进木质部发育，并且 *BplMYB83* 和 *BplMYB85* 被 GA₃ 上调，同源分析暗示 *BplMYB83* 和 *BplMYB85* 可能促进白桦次生木质部的发育。据报道，MYB 与纤维素和木质素合成基因的启动子（如 *CesA* 和 *PAL*）结合并诱导它们的表达（Kim et al., 2014）。*CesA* 和 *PAL* 均由 GA₃ 诱导。*BplCesA4* 和 *BplCesA7* 在 GA₃ 处理的幼苗中上调。*CesA* 对于木质部发育至关重要，并且是植物次生壁合成所必需的。进化树分析发现，BplCesA4（unigene26227_All）和

BplCesA7（unigene16894_All）蛋白序列与 AtCesA4、AtCesA7 和 AtCesA8 具有同源性（图 3-8C），*AtCesA4*、*AtCesA7* 和 *AtCesA8* 与拟南芥中的次生壁生物合成有关（Carroll et al.，2012；Li et al.，2013）。因此推测 *BplCesA4* 和 *BplCesA7* 也可能参与次生壁生物合成的调节。系统发育分析显示 BplPAL3 和 BplPAL4 与 AtPAL1、AtPAL3 和 AtPAL4 序列相似（图 3-8D）。根据对 EST 数据的分析，AtPAL 可能参与木质化过程，重叠的 PAL 代谢网络在维管组织中有效（Costa et al.，2003）。这些结果表明两个 *BplPAL* 基因可能参与 GA 诱导的木质部发育。BplGA20ox1 和 BplGA20ox3 与拟南芥的 AtGA20ox 同源（图 3-8E）。GA20ox 是催化 GA 合成最后三个步骤的酶，并且是 GA 生物合成调控中的潜在控制点（Calvo et al.，2004）。AtGA20ox1 和 AtGA20ox2 促进下胚轴和节间伸长（Rieu et al.，2008）。PtGA20ox

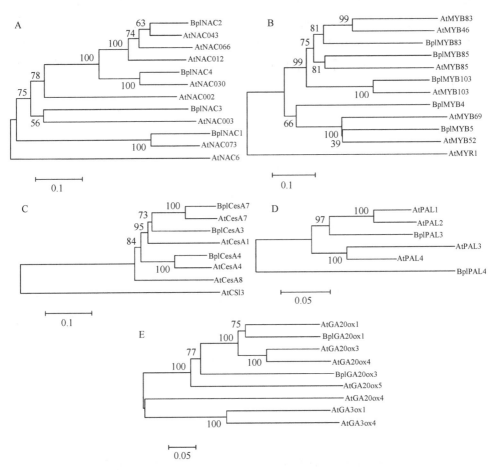

图 3-8　白桦和拟南芥 SCW 基因的系统进化树分析

A. 白桦和拟南芥 NAC 转录因子的系统进化树；B. 白桦和拟南芥 MYB 转录因子的系统进化树；C. 白桦和拟南芥 CesA 蛋白的系统进化树；D. 白桦和拟南芥 PAL 蛋白的系统进化树；E. 白桦和拟南芥 GA20ox 蛋白的系统进化树

最近被报道高度表达并直接参与次生木质部形成（Tian et al.，2012）。$GA20ox$ 可被许多激素诱导（Huerta et al.，2008）。系统发育分析结果表明，鉴定出的白桦 SCW 基因与拟南芥中木聚糖发育相关的基因具有较高相似性。

3.3.5 赤霉素处理下 SCW 基因表达模式分析

从图 3-9 中可以看出，与水处理对照相比，GA_3 处理和 GA_3+PAC 处理 7 天、14 天和 21 天时大部分基因的表达是上调的；PAC 处理 7 天、14 天和 21 天时，几乎所有基因的表达都是下调的。维管形成层分化为木质部细胞受植物激素调节。在木材形成过程中，次生壁生物合成基因的协调激活是由包含次生壁合成相关的 NAC 和 MYB 主调控开关基因和它们的下游转录因子的调控网络控制的（Reeck et al.，1987）。GA_3 能够诱导 NAC 和 MYB 转录因子及 $CesA$、PAL 和 $GA20ox$ 基因的表达，说明白桦的次生壁生物合成相关的转录因子能够响应 GA_3 处理。和水处理对照相比，GA_3 处理和 GA_3+PAC 处理 3 天时的 $NAC2$、$CesA4$、$CesA7$、$PAL3$ 和 $GA20ox3$ 的表达是下调的，随着处理时间的延长，这些基因的表达有上调趋势，并且伴随着次生木质部的不断发育，表明 GA_3 处理能够影响木质部发育并通过直接或间接的途径调控次生壁合成相关基因的表达。

NAC 转录因子是次生壁合成的关键调控子。次生壁加厚促进因子 $NST1$ 的突变导致长角果瓣膜边缘的次生壁的形成缺失，说明 $NST1$ 能够调控次生壁的合成（Pearson，2013）。GA_3 处理的白桦幼苗的 $BplNAC1$ 和 $BplNAC2$ 基因的表达呈上调状态，前人的研究发现，一些激素能够使 NAC 基因的表达上调（Liang et al.，2010）。另有学者研究发现，水稻中的 $OsNAC2$ 通过调控 GA_3 途径影响植物生长的高度（Zhang et al.，2009）。GA_3 促进了木质部的发育，与拟南芥的 $SND2$ 和 $NST1$ 基因有同源性的白桦的 $BplNAC1$ 和 $BplNAC2$ 基因的表达在 GA_3 的处理下呈上调趋势。$SND2$ 是与次生壁发育和纤维细胞面积大小相关的一个基因（Zhang et al.，2013）。综上，本研究结果显示 $BplNAC1$ 和 $BplNAC2$ 是涉及木质部发育的相关基因，响应 GA_3 信号途径，能被 GA_3 诱导。

MYB 转录因子是 SND1 下游的基因，能被 SND1 调控。白桦的 BplMYB83 与拟南芥的 AtMYB46 和 AtMYB83 有同源性，BplMYB103 与拟南芥的 AtMYB103 有同源性，研究显示，白桦的这 2 个 MYB 基因能被 GA_3 诱导表达，被 PAC 抑制表达。拟南芥的 $AtMYB46$ 和 $AtMYB83$ 能够被 SND1 直接激活，在次生壁沉积的 $SND1$ 调控的转录网络工作中作为分子转换开关（Zhong et al.，2007b；McCarthy et al.，2009）。拟南芥的 $AtMYB103$ 先前被报道能够调控次生壁的形成。GaMYB 的表达由 GA_3 诱导，是 GA_3 响应途径的一个组成成分，导致在大麦种子发芽过程中 GA_3 诱导的基因表达（Chen et al.，2015）。研究结果发现，GA_3 促进了木质部的

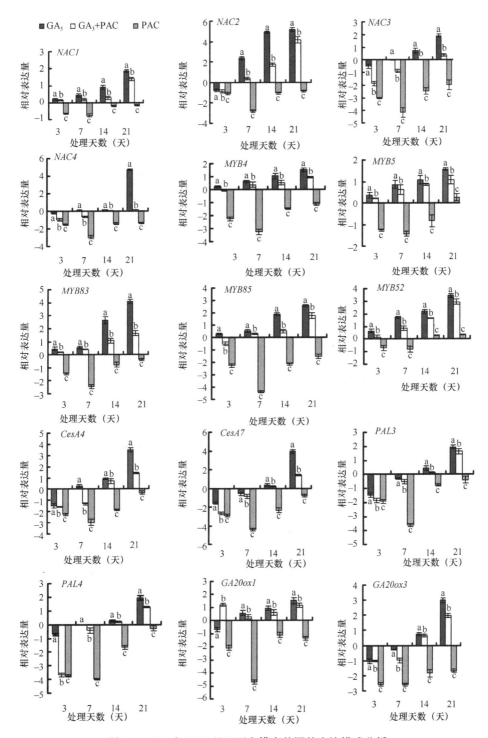

图 3-9　GA₃ 与 PAC 处理下白桦中基因的表达模式分析

发育，*BplMYB83*、*BplMYB5* 和 *BplMYB52* 基因能被 GA₃ 诱导表达，意味着这些基因能够促进次生木质部的发育。

NAC 和 MYB 转录因子能够调控次生壁组分的生物合成，包括纤维素和木质素。据报道，MYB 能够结合纤维素和木质素合成相关基因的启动子，如纤维素合酶（CesA）和苯丙氨酸解氨酶（PAL），并诱导其表达（McCarthy et al.，2009；Hussey et al.，2011）。研究发现，*BplCesA4* 和在 GA₃ 处理的白桦幼苗中呈上调表达。纤维素合酶不仅是木质部发育的关键酶，并且是植物次生壁合成过程中必需的酶（Zhong et al.，2007b；Cassan-Wang et al.，2013）。白桦的 BplCesA4 和 BplCesA7 与拟南芥中与次生壁合成相关的 AtCesA4 和 AtCesA7 有一定同源性，差异基因表达和序列分析意味着 *BplCesA4* 和 *BplCesA7* 可能与白桦木质部发育和次生壁沉积相关。藜藜首蓿的发芽和胚轴的生长被脱落酸抑制，纤维素合酶及其他与细胞壁松弛和拓宽相关的基因也在脱落酸处理下呈下调表达（Kim et al.，2014）。在桉树中，3 个 *EtCesA* 基因的转录在 GA₃ 胁迫处理后上调表达，说明 *CesA* 基因的表达能够被激素影响（Carroll et al.，2012）。研究发现，GA₃ 促进下胚轴和木质部扩增可能是由于细胞壁生物合成相关基因被诱导表达，*BplPAL3* 和 *BplPAL4* 的表达同样被 GA₃ 上调表达，BplPAL3 与拟南芥的 AtPAL1 和 AtPAL2 有序列同源性，基于表达序列标签数据，拟南芥的 *PAL* 基因是木质化的候选基因，或者与苯丙氨酸解氨途径交叠，在维管组织的发育中起作用（Li et al.，2013）。这些结果说明白桦的 *PAL* 基因在 GA₃ 诱导的白桦木质部发育中起作用。

白桦的 BplGA20ox1 和 BplGA20ox3 与拟南芥的 AtGA20ox 具有同源性。GA20 氧化酶是催化活跃态 GA₃ 合成的最后三个步骤并且是调控 GA₃ 合成的潜在控制点（Gimeno-Gilles et al.，2009）。GA20 氧化酶也能被很多激素诱导。有报道发现，拟南芥的 *AtGA20ox1* 和 *AtGA20ox2* 能够促进胚轴和节间的延长（Calvo et al.，2004）。最近有研究显示，*PtGA20ox* 在维管组织的成熟木质部中有较高的表达，并且直接调控次生木质部的形成（Rieu et al.，2008）。研究发现，*BplGA20ox1* 的表达被 PAC 抑制，导致了短的茎长和缓慢生长。先前的一个研究发现，在拟南芥的 *ga1-3* 突变体中，*GA20ox2* 的转录在 GA₃ 开始处理 15min 时有显著的下调（Tian et al.，2012）。在 *ga1-3* 突变体中，应用外源 GA₃ 时，*AtGA20ox2* 和 *AtGA20ox3* 在处理刚开始时的表达是上调的，然后随着处理时间的增加逐渐下调（Wang et al.，2014）。本研究发现，*GA20ox1* 和 *GA20ox3* 的表达开始是下调的，然后又上调，可能是由于外源 GA₃ 处理的时间足够长，引起了内源 GA₃ 含量的变化，从而以一种特别的方式调控白桦的生长和发育。

3.3.6　小结

GA₃ 对白桦种子萌发、木质部发育和次生壁生物合成相关基因表达有影响。GA₃ 处理提高了种子的发芽率、发芽势、发芽时间、下胚轴长度和幼苗鲜重。发芽种子下胚轴和幼苗茎的横切面显示 GA₃ 增加木质部发育而 PAC 抑制木质部发育。GA₃ 的使用改善了 PAC 的抑制效应。GA₃ 处理诱导 *MYB* 和 *NAC* 转录因子基因、*CesA*、*PAL* 和 *GA20ox* 基因的表达。这些结果表明 GA₃ 促进了白桦种子的萌发和木质部发育。白桦 SCW 基因由 GA₃ 诱导并促进木质部发育。

第4章 白桦应拉木形成及分子调控

4.1 引　言

4.1.1 应力木系统的研究

应力木是树木中一种非正常的组织（李坚和石江涛，2011）。当生长过程中外部条件或环境发生改变时，树干或枝条在抵抗迫使它们倾斜或弯曲的外力作用下，形成层的分裂活动发生了变化，形成了偏心生长，在生长迅速的一侧形成异常组织结构的木材，被称为应力木（reaction wood）（赵桂媛，2010）。被子植物的偏心增大侧在树木的上侧，裸子植物则在下侧（苌姗姗，2009）。因上侧受到树干的重量所产生的牵引力，而下侧受到压缩力，故分别称为应拉木（tension wood，TW）及应压木（compression wood，CW）。应力木与正常的木材在解剖结构、物理性质及化学性质上均有着明显的不同（Du and Yamamoto，2007），应拉木在木质纤维的次生壁最内侧具有一个纤维素大分子链定向排列的胶质层（gelatinous layer，G 层）（Timell，1973），使木质化程 a 度减弱，这种木材特别适合造纸。应拉木与正常木材相比色淡、木质化程度低，但纤维素含量较高，其造纸纸浆得率高；应压木则相反，色暗褐，木质化程度高，但纤维素含量较低（赵桂媛，2010）。目前关于应力木的形成原因尚无定论。一般主张在树干内，应拉木产生收缩力，而应压木则产生伸长力，从而形成了一个使倾斜的树干转向直立方向的力（赵桂媛，2010）。对其成因有着不同的假说，其中以应力学说和激素学说影响较大（刘群燕，2010）。从应力学角度看，树木在倾斜时，树干上方或下方受到极大压力或拉力，植物内部为平衡生长而产生了特殊结构（Isebrands and Bensend，1972）。激素学说则认为是树干在倾斜时由重力作用引起的植物内源激素分布不均，从而使树干的上方或下方的细胞分裂发生变化，从而形成应力木（林金星和李正理，1993）。

如今国内外对应力木系统已经展开了许多研究，应力木的研究与植物学、树木生理生化、林木遗传育种等均有着密切关系。陆雅婕等（2014）对中林-46 杨直立木与应拉木在纤维形态、化学组成和制浆漂白上的差异进行了研究。刘倩（2009）利用生长应力探测技术分析了杨树、火炬松在不同倾斜角度和倾斜时间下生长应变、基本密度和干缩性质等的变化。周亮等（2012）以欧美杨 107 为研究对象，对其直立木与应拉木的纤维形态和化学组成进行了研究，发现二者之间存在明显差异，为杨树应拉木的高效利用提供有力证据。陈承德等（1999）研究了三种阔叶树枝丫材的应拉木与对应木的解剖学特征与材性，发现它们在纤维、导管长度、纤维素结晶度等多方面与正常干材存在显著差异。刘群燕（2010）通过人工授力杨树，利用监测应拉木和对应木树干形成层中 5 种内源激素的变化来研究应拉木的形成机制。虽然应拉木被认为对木材性质有害，尤其是被子植物应拉木在形成过程中的结构和化学性质的改变（Zobel and Jett，1995），但是由于应拉木的材性特别适合于制浆造纸，同时在重力刺激下木材形成相关基因的表达发生了改变。因此，林木遗传育种学家通过人工弯曲处理，使树木响应重力刺激，从而获得人工授力树干应力木，为研究木质部细胞壁发育过程提供了最佳实验模型（Grunwald et al.，2001；Pilate et al.，2004a，2004b）。

4.1.2　转录组测序技术及其在应力木研究中的应用

转录组学（transcriptomics）是分子生物学的一个分支，它研究单个或多个不同细胞、不同组织在某一特定状态下的几乎所有 mRNA 分子转录物。目前用于转录组数据获得和分析的方法主要有三类：基于杂交的 DNA 微阵列（DNA microarray）和 DNA 大阵列（DNA macroarray）技术；基于标签的基因表达系列分析（serial analysis of gene expression，SAGE）技术和大规模平行信号测序（massively parallel signature sequencing，MPSS）系统；基于直接测序的 cDNA 文库和 EST 文库技术。

随着新一代测序技术的开发和应用，属于直接测序的 RNA 测序（RNA-Seq）技术凭借其不依赖于基因组序列信息的便捷、转录边界的准确界定、基因表达水平的精确定量和对 RNA 样品的较少需求等优点越来越多地应用于生物领域的各项研究，主要用于鉴定差异表达基因、分析剪接变异体、识别单核苷酸多态性及预测代谢通路和调控网络。二代测序（next-generation）技术具有低成本、高通量的特点，能够在短期内鉴定大量的基因表达信息。二代测序技术平台包括 Genome Analyzer（Illumina/Solexa）、Roche 454 和 ABI-SOLiD（Applied Biosystems）（Cuddapah et al.，2009）。利用二代测序技术进行 RNA-Seq 是研究转录表达谱的有效手段。RNA-Seq 在基因组水平上提供了进行基因转录水平和异构体分析的精密方法（Wang et al.，2009）。此外，RNA-Seq 能够进行基因表达的绝对定量，而不是相对定量，因此克服了微阵列分析的弊端（Hegedűs et al.，2009；Wilhelm and Landry，2009）。

转录组学技术已经应用于应力木形成的分子调控研究。Xiao 等（2020）利用转录组学和蛋白质组学揭示了楸（*Catalpa bungei*）应拉木（非 G 层）中纤维素和果胶的代谢过程。Koutaniemi 等（2007）在欧洲云杉（*Picea abies*）EST 文库中鉴定出在裸子植物应力木中高表达的 MYB 基因、阿拉伯半乳糖蛋白基因和木质素合成系列基因。张凯旋等（2011）构建了小黑杨（*Populus simonii × P. nigra*）幼茎应拉木（TW）与对应木（OW）的 cDNA 文库，共获得 6048 条高质量的 EST 序列，并鉴定出 437 条可能与应拉木形成有关的 EST；Zhang 和 Chiang（1997）研究了火炬松（*Pinus taeda*）直立木与应压木的细胞壁形成相关基因，发现了这些基因和相关蛋白的不同表达模式；Andersson-Gunnerås 等（2006）研究了欧洲山杨（*Populus tremula*）应拉木形成过程中转录和代谢调节的变化，分析了应拉木形成过程中的碳流的改变，鉴定了大量和纤维素、木质素、半纤维素、多糖、激素等合成调控相关的基因和转录因子。Jin 等（2011）构建了北美鹅掌楸（*Liriodendron tulipifera*）弯曲 45°处理 6h 茎次生木质部 cDNA 文库，共获得了 5982 条高质量的 EST 序列，拼接成 1733 条 unigene，包括 822 条 contig 和 911 条 singlet。这些 EST 的分析鉴定了细胞壁生物合成和修饰相关的基因。Qiu 等（2008）利用微阵列技术研究了桉树 45°倾斜的枝条木质部，共获得了 4900 条 cDNA 序列，并鉴定了桉树木质部响应重力刺激的重要基因。Paux 等（2005）在桉树弯曲处理诱导应拉木形成的试验中，通过 cDNA 微阵列，共获得了 196 条在弯曲处理组织和对照中差异表达的基因。其中一些与次生壁结构和组分变化相关的基因呈现几种不同的表达模式（Paux et al.，2005）。这些基因表达谱分析为木质部基因表达调控网络构建提供了新视角。

4.1.3 蛋白质组学技术及其在应力木研究中的应用

蛋白质是生命的物质基础，几乎参与了生物体内的所有生命活动，可以说没有蛋白质就没有生命（赵相涛等，2012）。蛋白质组是指特定生物体或细胞所产生的所有蛋白质。蛋白质组学(proteomic)一词是由澳大利亚学者 Wilkins 和 Williams 首次提出来的（李华华，2011），意为"一种基因组所表达的全套蛋白质"。随着稻（*Oryza sativa*）、拟南芥（*Arabidopsis thaliana*）等模式植物全基因组序列测定的完成和基因组学的深入研究，植物蛋白质组学已经成为当今研究的热点之一（喻娟娟和戴绍军，2009）。蛋白质组学是在整体水平上对细胞动态变化的蛋白质的组成和调控等进行研究（王英超等，2010）。存在于同一生物体内的不同种类的细胞之间，甚至是同类细胞的不同时期内蛋白质的丰度和种类都是不相同的（赵雅静，2009）。比较蛋白质组学的研究内容主要是在蛋白质水平上整体分析不同条件下的蛋白质组，比较其变化和差异，并且发现和鉴定在不同生理条件下的蛋白质组中的差异组分，从中揭示了一定的生物学规律与现象（白晓卉和于修平，2006）。近年来，随着各种蛋白质组学研究技术的发展与成熟，蛋白质的研究也取得了长足的进步。植物蛋白质组学的研究在亚细胞蛋白质组、组织器官发育蛋白质组、植物响应胁迫蛋白质组中均有所突破。Kleffmann 等（2007）研究水稻白色体发育成为叶绿体过程中的蛋白质组，发现参与碳代谢、光合作用和基因表达的蛋白质上调表达，而参与氨基酸和脂肪酸代谢的蛋白质下调表达，为研究叶绿体从自养到异养的过程提供了依据。Dai 等（2006）利用蛋白质组学技术鉴定了共 322 种在水稻成熟花粉三个不同的组分中表达的蛋白质。王文军（2008）对大豆（*Glycine max*）种子在低温和聚乙二醇（polyethylene glycol，PEG）胁迫下的蛋白质组进行分析，成功发现一个新的胁迫蛋白种子成熟蛋白 PM25。Deng 等（2007）研究了拟南芥响应芸苔素的蛋白质组，鉴定了响应蛋白。这些蛋白质组分析带来的进展为研究亚细胞定位、器官发育和植物抗逆性均奠定了基础。相较于如拟南芥、小麦（*Triticum aestivum*）、水稻和玉米（*Zea mays*）等（Jorrín-Novo et al.，2009；Oeljeklaus et al.，2009）模式植物蛋白质组学的研究进展，林木蛋白质组学发展较缓慢，但在抗逆性、木材发育、林木防治病虫害等方面均有所收获。Ukaji 等（2010）成功从鸡桑（*Morus bombycis*）的皮层薄壁组织细胞中分离到与低温适应有关的18kDa 蛋白 WAP18，对研究抗冷害机制有着重要意义。Xu 等（2009）从沙棘（*Hippophae rhamnoides*）温室苗中鉴定出 13 个抗旱响应蛋白。Dafoe 和 Constabel（2009）从毛果杨×美洲黑杨杂种（*Populus trichocarpa × Populus deltoides*）的树液中鉴定出多个与代谢相关的蛋白。

蛋白质组学分析在应拉木形成的机制研究中也得到了应用，Mauriat 等（2015）利用蛋白质组学和磷酸化蛋白质组学进行了杂种杨树（*Populus tremula × Populus alba*）应拉木形成过程中的信号转导途径分析。De Zio 等（2016）利用蛋白质组学分析了黑杨（*Populus nigra*）主根在弯曲胁迫下凹面和凸面的不对称响应机制。Bygdell（2017）利用蛋白质组学监测了欧洲山杨高组织分辨率下应拉木形成过程中蛋白质表达。Zhang 等（2018）利用蛋白质组学技术发现欧洲山杨（*Populus tremula*）与拟南芥（*Arabidopsis thaliana*）和欧洲云杉（*Picea abies*）纤维素合酶的化学计量比不同。Xiao 等（2020）利用转录组学和蛋白质组学揭示了楸树应拉木（非 G 层）中纤维素和果胶的代谢过程。这些蛋白质组学分析，为揭示应拉木形成的分子机制提供了重要的理论基础，并鉴定了大量调控木质部及细胞壁形成的关键蛋白。

传统的研究蛋白质组学的技术如双向凝胶电泳技术、质谱分析，虽然在不断改进，但仍存在着各种目前无法解决的缺陷，因此不能实现捕获细胞内的全部蛋白质的目标。然而，比较蛋白质组学的研究关键点在于找出有意义的差异蛋白而并不要求捕获“全部”的蛋白质（何大和肖雪媛，2002），因此在技术上有着相当高的可实现性，这使比较蛋白质组学的研究得到了越来越广泛的应用。iTRAQ-MS/MS 是由美国应用生物系统公司推出的体外标记技术，iTRAQ^{TM} 是一种体外多肽标记试剂，采用 4 种（或 8 种）同位素编码的标签，能够同时比较 4～

8 种蛋白质的相对水平（王林纤等，2010）。自 2004 年 5 月被推出以来，利用 iTRAQ 技术进行多个样品蛋白质相对丰度比较分析的研究报道迅速增多（谢秀枝等，2011）。现有研究表明，iTRAQ-MS/MS 技术是研究不同条件或比较正常和不同状态下的细胞与组织的蛋白质水平差异的一种有效方式（李伟，2006）。Zhu 等（2009）利用 iTRAQ 技术分析了欧洲油菜（*Brassica napus*）保卫细胞与叶肉细胞的蛋白质，确定了在保卫细胞中 74 种参与各种重要生理过程的蛋白质的表达量明显高于叶肉细胞，为研究保卫细胞的生理学功能提供了重要理论依据；在利用 iTRAQ 技术对欧洲云杉（*Picea abies*）细胞早期响应的蛋白质组研究中，与早期的其他研究相比，蛋白质的覆盖率更高，而且发现了以前未发现的云杉响应真菌侵染的钙调信号和氧胁迫响应蛋白（Lippert et al.，2009）。Mohammadi 等（2011）在玉米赤霉病的蛋白质组学研究中，利用 iTRAQ 标记技术提取了 2067 个蛋白质点，其中 878 个蛋白质差异表达，96 个蛋白质的表达变化超过 1.5 倍。Owiti 等（2011）在木薯（*Manihot esculenta*）块根储藏寿命的蛋白质组学研究中，利用 iTRAQ 标记技术鉴定了收获不同时间后的 96 个和 170 个差异蛋白，其中包括一些重要的影响木薯储藏寿命的酶，这些蛋白质的鉴定为利用分子生物学技术提高木薯储藏寿命提供了宝贵的候选基因。

蛋白质组学技术最关键的步骤是蛋白质样品的制备。林木蛋白质组学的研究起步较晚，进展缓慢，主要是因为林木组织含有较高的酚醛、树脂和单宁酸，并且蛋白质样品制备困难（袁坤等，2007）。蛋白质提取效果的好坏直接影响蛋白质的分离及后续试验的可靠性，所以蛋白质的提取成为研究关键（杨秋玉等，2014）。

白桦（*Betula platyphylla*）是一个北温带的广布种，其基本密度、木材硬度、纸浆白度、纤维形态、化学组分及打浆性能均符合造纸用材的要求（朱大群等，2008），是优良的短周期阔叶纸浆用材树种。对其木材形成的分子生物学研究已经成为木本植物研究的重要内容之一，其中蛋白质组学技术成为研究其木质部发育调控的重要手段。近年对白桦蛋白质的研究主要集中在花芽上（杨传平等，2004；宋学东等，2006），对木质部蛋白的提取未见报道，而白桦组织中存在大量的糖类、酚类等活性成分（詹亚光和曾凡锁，2005），使蛋白质提取的难度增大，所以建立一种适用于白桦木质部蛋白提取的方法具有重要理论与应用价值。

目前提取植物蛋白的方法有很多（杨秋玉等，2014），其中三氯乙酸（trichloroacetic acid，TCA）-丙酮沉淀法是最为常用的一种方法，在小麦叶片总蛋白的提取（金艳等，2009）、毛白杨芽蛋白的提取（谢进等，2013）、杨树树皮蛋白的提取（赵相涛等，2012）、杨树树叶蛋白的提取（袁坤等，2007）中均取得较好的效果，但是该方法的提取体系较大，需要大量的初始材料，对设备要求较高，在材料有限的情况下，需要建立一种高效简便的方法。

本研究比较分析了 TCA-丙酮沉淀法、酚提取法、试剂盒提取法提取白桦木质部蛋白的提取效率和提取质量，并对酚提取法加以改良，建立了一个经济、实用、高效、优质的白桦木质部蛋白提取方法，为今后的蛋白质组学分析和利用分子生物学手段改良白桦材性奠定基础。

4.1.4 代谢组学研究技术及其在应力木研究中的应用

代谢组学（metabonomics）是系统生物学的一个新的分支，广泛应用于医药、植物代谢、微生物代谢等领域（徐天润等，2020），已成为全面而综合的研究代谢调控网络的有力工具。此外，代谢组学也是功能基因组学和系统生物学手段研究基因功能的有效工具（Obata and Fernie，2012）。在植物界中，有20万～100万代谢物，每一个物种中含有几千种（Davies et al.，2010；Wu et al.，2013）。代谢物是小分子量物质，是基因的最终产物，因此其研究比 mRNA 转录和蛋白质分离更接近表型（Preston et al.，2004）。植物代谢组学研究中常用的技术有气相色谱-质谱（GC-MS）、高效液相色谱（HPLC）、傅里叶变换离子回旋共振质谱（FTICR-MS）、毛细管电泳-质谱（CE-MS）和核磁共振（NMR）波谱等（Wu et al.，2013；Arbona et al.，2013）。目前，利用代谢组学的应力木研究还很少，而代谢物作为基因的最终产物，可能对木材的形成反应进程有重要影响。

有研究显示，杂种杨树（*Populus alba* × *Populus grandidentata*）的肌醇半乳糖苷合酶（galactinol synthase，GolS）及其产物半乳糖醇的过度表达可能作为一种分子信号启动代谢变化，最终导致细胞壁发育的改变，并可能形成应力木（Unda et al.，2017）。De Zio 等（2020）分析了黑杨三种不同弯茎和根节的拉伸凸面和压缩凹面的解剖学特征、化学成分及完整的生长素和细胞分裂素代谢谱。结果表明，在弯曲的茎中，应力木（reaction wood，RW）产生于上部的拉伸凸面，而在弯曲的根中，RW 产生于下部的压缩凹面。解剖学特征和化学分析表明，弯茎 RW 导管数目少、木质化差、碳水化合物含量高、纤维细胞壁形成胶状层。相反，在弯曲的根中，RW 的特征是导管数目和面积大、碳水化合物和木质素含量没有显著变化。生长素和不同细胞分裂素形式/结合物的拮抗作用似乎调节茎和根中 RW 形成与发育的关键方面，以促进向上或向下的器官弯曲。在两个生长季节，利用基因芯片和代谢物分析技术，获得了由欧洲山杨（*Populus tremula*）应拉木（tension wood，TW）形成组织构建的表达序列标签库和代谢谱数据。结果发现，蔗糖合酶转录物的丰度越高，纤维素的碳通量越大。然而，尽管次生壁特异性 *CesA* 基因的表达在两个方向上都被修饰，与纤维素生物合成机制相关的基因通常不受影响。数据显示其他途径，包括脂质和葡萄糖胺生物合成及果胶降解机制活性增加。转录组和代谢组分析表明，活性降低主要是通过鸟苷 5′-二磷酸（guanosine 5′-diphosphate，GDP）到甘露聚糖的 C 流途径、戊糖磷酸途径、木质素生物合成和细胞壁基质碳水化合物的生物合成实现的。这些代谢物调控分析揭示了形成细胞壁胶质层（G 层）的重要机制（Andersson-Gunnerås et al., 2006）。

综上，综合利用转录组学、蛋白质组学和代谢组学方法，对于研究白桦应拉木形成的机制及鉴定木材形成关键调控因子具有重要的意义。

4.2 白桦木质部响应重力刺激的转录组学分析

4.2.1 材料与方法

1. 材料处理与采集

本研究人工模拟重力对白桦茎生长的影响，压弯 3 株二年生白桦健康植株，使其与水平面保持 45°（图 4-1），2 周后剥去弯曲度最大处 50cm 的表皮和韧皮部，取弯曲面上方和下方木质部薄层组织，命名为 TW（上方，即应拉木，tension wood）和 OW（下方，即对应木，opposite wood），同时取 3 株二年生白桦直立木（normal wood，NW）木质部薄层组织作为对照，所有材料迅速用液氮处理，–80℃保存备用。上述材料处理 8 周后，取 TW、OW 和 NW 相应位置的材料，进行化学成分分析和解剖学分析。

图 4-1　弯曲处理白桦的试验设计（彩图请扫封底二维码）

2. 试验方法

1）化学组分及解剖学分析

将弯曲处理 8 周的 TW、OW 和 NW 分别进行化学组分分析以测定其纤维素和木质素含量，木质素和纤维素含量测定利用 Fibertec^TMM6 系统（瑞典 FOSS 公司）。处理后完整的茎利用滑走式切片机（德国，Leica 1400）进行横切面切片（10～15μm），切片利用番红进行染色，观察生长性状。为了观察应拉木及胶质纤维的出现，利用扫描电子显微镜进行三种组织横切面的扫描成像。所有试验都重复 3 次，结果利用 SPSS18.0 软件进行差异显著性分析。

2）RNA 的提取和 Solexa 测序

将取自 3 株白桦的 TW、OW 和 NW 木质部材料分别混合（3 个生物学重复），利用 CTAB 法提取白桦总 RNA，经 EB-琼脂糖凝胶电泳检测合格后分装为每样品 20μg，严密封装送至华大基因（深圳）进行 Solexa 转录组测序，步骤如下：用带有 Oligo(dT)的磁珠富集 mRNA；加入裂解缓冲液（fragmentation buffer）将收集的 mRNA 打断成短片段；以 mRNA 短片段为模板，利用六碱基随机引物合成第一条 cDNA 链；然后在缓冲液、脱氧核糖核苷三磷酸（deoxy-ribonucleoside triphosphate，dNTP）、RNase H 和 DNA 聚合酶 I 等的作用下合成第二条 cDNA 链；而后进行末端修复、添加 poly(A)和测序接头；利用琼脂糖凝胶电泳对片段大小进行选择；利用 QIAquick PCR 产物纯化试剂盒进行 PCR 扩增，获得的文库用 Illumina HiSeq^TM2000（美国 Illumina 公司）进行测序。

3）测序数据组装

将测序产生的所有短片段（short reads）使用短读数组装软件 SOAPdenovo（Li et al.，2010）从头组装成 contig，将 reads 比对回 contig，如果存在双末端（paired-end）关系则将任意两个或两个以上 contig 连接起来，认为这些 contig 是一个 scaffold 片段，中间未知序列用 N 表示，然后利用 paired-end reads 对 scaffold 进行填补（gap filling），最后得到的含 N 最少、两端不能再延长的序列称为 unigene，经过 TGICL 软件（Pertea et al.，2003）进一步组装成非冗余 unigene。

4）unigene 的功能和表达量分析

将非冗余 unigene 序列与蛋白质数据库 NR、Swiss-Prot、KEGG 和 COG 做 BlastX 比对（E 值<0.000 01），以比对结果最好的蛋白质确定 unigene 的序列方向，与以上 4 个库都不能比对上的 unigene 利用 ESTScan 软件预测其编码区并确定方

向。利用 GO 数据库，对所有 unigene 在分子功能（molecular function）、参与的生物学过程（biological process）和细胞组件（cellular component）三个方面的特征进行描述和分类；RPKM 是指每一百万测序 reads 中匹配到特定基因 1kb 长的外显子区域的 reads 数目，计算公式为：$RPKM=10^6C/(NL×10^{-3})$，设 RPKM 为某 unigene 的表达量，则 C 为唯一比对到目的基因的 reads 数，N 为唯一比对到参考基因的总 reads 数，L 为目的基因编码区的碱基数，利用 RPKM 法计算 unigene 的表达量（Mortazavi et al.，2008）；最后参照数字基因表达谱差异基因检测方法筛选两个转录组间的差异表达基因。

4.2.2 应拉木化学组分及解剖学分析

为了研究白桦茎响应重力信号和机械弯曲刺激的响应机制及性状改变，本研究对人工弯曲处理 8 周的二年生白桦茎中正在发育的木质部进行取材，分别取弯曲茎上方的应拉木（TW）、下方的对应木（OW）和直立木（NW），进行解剖学分析和化学组分分析。机械弯曲处理 8 周后，应拉木和对应木产生了明显不同的生长速率，导致了白桦茎的非正常生长（图 4-2M、N）。此外，应拉木发育出了具有胶质层的胶质纤维（图 4-2A～D），与对应木（图 4-2E～H）和直立木（图 4-2I～L）相比，导管变少，纤维管腔变小，纤维增多。弯曲处理 8 周后，对应木和直立木中并未出现胶质纤维（图 4-2E～L）。测定了弯曲处理 2 周和 8 周的应拉木、对应木和直立木中纤维素和木质素含量。化学组分分析结果显示，在弯曲处理 2 周时，由于应拉木还没有发育完全，其中的化学组分变化不明显。然而，在弯曲处理 8 周后，应拉木、对应木和直立木发育较为成熟，形成了明显的应拉木，测定结果显示，应拉木中的纤维素含量显著高于对应木和直立木，而木质素含量低于对应木和直立木（图 4-3）。这种纤维素含量升高和纤维数量增多的变化，被认为是应拉木响应刺激的敏感机制的一部分，从而导致弯曲茎上部的拉力升高，对抗重力对倾斜树干的作用，使弯曲树干向上直立生长。

4.2.3 RNA 质量检测

本研究利用 EB-琼脂糖凝胶电泳检测三组样品总 RNA 质量，结果显示总 RNA 完整，且 28S rRNA 与 18S rRNA 的亮度比例接近 2∶1（图 4-4）。经紫外分光光度仪检测，A_{260}/A_{280} 值均在 1.8～2.0，A_{260}/A_{230} 值均大于 2.0。合管分装，保证每个样品 RNA 总量达到 20μg，封装严密，送至华大基因（深圳）进行三个转录组测序。

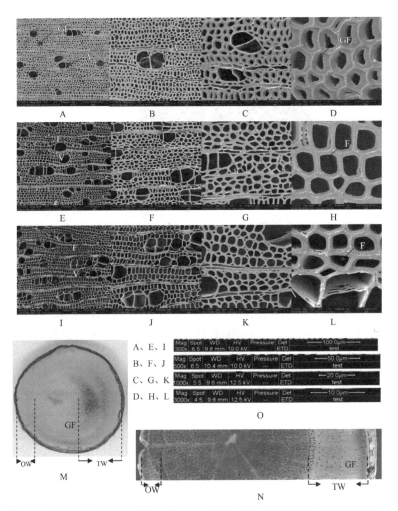

图 4-2　应拉木、对应木和直立木木材解剖学分析（彩图请扫封底二维码）

弯曲处理 8 周的白桦茎 TW（A～D）、OW（E～H）、NW（I～L）；M 和 N 显示弯曲处理 8 周后的偏心生长情况；A、E、I：300×；B、F、J：500×；C、G、K：1000×；D、H、L：3000×；V. 导管；F. 纤维；GF. 胶质纤维

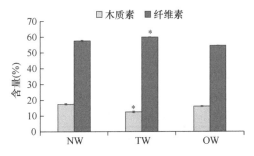

图 4-3　应拉木、对应木和直立木中的纤维素和木质素含量分析

*表示差异显著（P＜0.05）

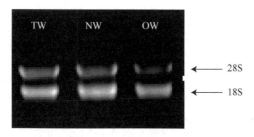

图 4-4　样品 RNA 电泳图

4.2.4　测序数据产量和组装结果

白桦 TW、OW 和 NW 木质部三个转录组分别产生了 52 139 846 次、54 878 244 次和 54 696 478 次读数，上传 NCBI 数据库，注册形成序列号为 SRA053683 的文件（SRR513429、SRR520271、SRR520272）。通过 Trinity 软件将读数组装成 contig，contig 再经 paired-end 连接和填补，最终分别获得 77 783 条、66 909 条和 74 068 条 unigene，unigene 的特征见表 4-1。所有 unigene 经过 TGICL 软件进一步组装形成 80 909 条非冗余 unigene（GenBank 登录号：KA198535～KA279443），总长度达 62 112 335nt，平均长度为 768nt，特征见表 4-2。

表 4-1　所有 unigene 的特征

一般特征		总数		
		TW	OW	NW
	总读数	52 139 846	54 878 244	54 696 478
	总核苷酸数（nt）	4 692 586 140	4 939 041 960	4 922 683 020
	Q20 百分率（%）	98.28	98.23	98.26
unigene	100～500nt	51 968	45 149	50 073
	500～1 000nt	12 467	10 951	11 990
	1 000～1 500nt	6 018	5 084	5 604
	1 500～2 000nt	3 474	2 745	3 127
	≥2 000nt	3 856	2 980	3 274
	N50	1 044	980	982
	平均值	600	583	581
	全部 unigene	77 783	66 909	74 068
	全部 unigene 长度（nt）	46 669 068	38 994 548	43 005 342

注：N50 为所有单一基因的中位数长度（median length of all unigenes）；Q20 为所有碱基中，质量值大于 20 的碱基所占的比例

表 4-2　非冗余 unigene 的特征表

非冗余 unigene 长度（nt）	总数	百分率（%）
100～500	45 950	56.79
500～1 000	15 524	19.19
1 000～1 500	7 945	9.82
1 500～2 000	4 940	6.11
≥2 000	6 550	8.09
N50	1 309	
平均值	768	
全部 unigene	80 909	
全部 unigene 长度（nt）	62 112 335	

4.2.5　unigene 的功能注释

将 80 909 条非冗余 unigene 序列与 NR 数据库和 Swiss-Prot 数据库进行 BlastX 比对（E 值＜0.000 01），其中的 43 245 条 unigene 与 NR 数据库的已知蛋白质高度一致，29 977 条 unigene 与 Swiss-Prot 数据库的蛋白质一致。利用 GO 数据库，对三个转录组获得的所有 unigene 按照它们参与的生物学过程、细胞组件和分子功能进行分类，结果见表 4-3。细胞组件（cellular component）unigene 最多，为 38 088 条，占总数的 47.07%，然后是生物学过程（biological process）（33 904 条，占 41.9%）和分子功能（molecular function）（21 306 条，占 26.33%）；进一步细化分类得出数量最多的 unigene 划分到细胞子类（13 181 条，占 16.29%），然后依次为细胞组分类（11 838 条，占 14.63%）、催化活性类（9793 条，占 12.1%）、结合类（9594 条，占 11.85%）、细胞器类（9426 条，占 7.52%）、代谢进程类（8556 条，占 10.57%）、细胞进程类（8249 条，占 10.41%），剩余的 22 661 条 unigene 分别属于其他各子类别。

表 4-3　unigene 的 GO 功能分类

GO 分类	GO 子类别	数量
分子功能	抗氧化活性	29
	结合	9 594
	催化活性	9 793
	酶调节活性	142
	分子转导活性	668
	蛋白质结合转录因子活性	19
	翻译调节活性	4
	转运活性	1 057

续表

GO 分类	GO 子类别	数量
细胞组件	细胞	13 181
	细胞连接	9
	细胞组分	11 838
	胞外区域	18
	胞外基质组分	2
	高分子复合物	1 255
	膜关闭内腔	371
	细胞器	9 426
	细胞器组分	1 981
	病毒体	7
生物学过程	生物黏附	7
	生物调节	2 062
	细胞组织组分或生物合成	1 202
	细胞进程	8 249
	死亡	227
	发育进程	1 431
	定位活性	1 771
	生长	133
	免疫系统进程	107
	定位	1 969
	细胞活动	11
	代谢进程	8 556
	多细胞进程	982
	有机体进程	317
	生物过程的负调控	183
	色素沉积	7
	生物过程的正调控	85
	生物过程调控	1 735
	繁殖	712
	繁殖进程	709
	应激反应	2 810
	周期进程	2
	信号	623
	病毒繁殖	14

4.2.6 转录组中的高丰度 unigene

经分析分别获得在 TW、OW 和 NW 三个转录组中表达丰度最高的 10 条 unigene（表 4-4），这些高丰度 unigene 大多是同时在三个转录组中出现的，且编

表 4-4 NW、TW 和 OW 中前 10 位富集的基因表达谱

GenBank 登录号	RPKM			功能注释
	TW	OW	NW	
NW				
KA275752	3 724.332	15 053.39	13 608.72	脂转移蛋白家族蛋白
KA250254	7 559.774	9 818.979	11 268.71	类致敏性异黄酮还原酶
KA244244	6 013.817	11 912.6	9 884.284	脂转移蛋白家族蛋白
KA200383	8 000.385	6 803.264	6 643.729	ag13
KA262474	2 025.879	2 844.252	5 724.919	木质部汁液蛋白（10kDa）
KA201101	5 649.985	4 611.468	5 311.726	多聚泛素
KA259905	3 619.965	13 164.14	5 246.218	类细胞色素 P450_TBP
KA250879	4 966.727	5 211.61	4 390.03	假设蛋白
KA257282	6 723.616	2 745.166	3 908.591	富脯氨酸蛋白
KA257879	2 550.106	2 733.757	3 309.829	含有 7 个泛素单体的多聚泛素
TW				
KA200383	8 000.385	6 803.264	6 643.729	ag13
KA250254	7 559.774	9 818.979	11 268.71	类致敏性异黄酮还原酶蛋白
KA219691	7 317.225	242.5356	654.6115	类束状阿拉伯半乳聚糖蛋白
KA257282	6 723.616	2 745.166	3 908.591	富脯氨酸蛋白
KA244244	6 013.817	11 912.6	9 884.284	脂转移蛋白家族蛋白
KA201101	5 649.985	4 611.468	5 311.726	多聚泛素
KA250631	5 167.007	2 003.051	2 410.727	II 型几丁质酶
KA250879	4 966.727	5 211.61	4 390.03	假设蛋白
KA275752	3 724.332	15 053.39	13 608.72	脂转移蛋白家族蛋白
KA259905	3 619.965	13 164.14	5 246.218	类细胞色素 P450_TBP
OW				
KA275752	3 724.332	15 053.39	13 608.72	脂转移蛋白家族蛋白
KA259905	3 619.965	13 164.14	5 246.218	类细胞色素 P450_TBP
KA244244	6 013.817	11 912.6	9 884.284	脂转移蛋白家族蛋白
KA250254	7 559.774	9 818.979	11 268.71	类致敏性异黄酮还原酶蛋白
KA259904	2 660.703	7 896.881	3 299.789	rRNA 内含子编码的归巢内切酶
KA200383	8 000.385	6 803.264	6 643.729	ag13
KA250879	4 966.727	5 211.61	4 390.03	假设蛋白
KA201101	5 649.985	4 611.468	5 311.726	多聚泛素
KA249327	954.0103	2 977.693	845.0917	phi-1
KA262532	779.1426	1 631.054	1 012.204	C3HL 结构域类转录因子

码与细胞壁形成相关的系列蛋白质，如脂转移蛋白（lipid transfer protein，LTP）、类束状阿拉伯半乳聚糖蛋白（fasciclin-like arabinogalactan protein，FLA）、富脯氨酸蛋白（proline rich protein，PRP）、木葡聚糖内糖基转移酶（xyloglucan endotransglucosylase，XET）、阿魏酸-5-羟化酶（ferulate-5-hydroxylase，F5H）、细胞壁蛋白（cell wall protein）等。来源于同一基因家族的各个基因功能是类似的，但在植物不同发育阶段和不同生化途径中又各自表现出特异的功能。高丰度基因的重复出现说明三种组织木质部中进行着相似的生物学过程，细胞壁的形成过程活跃，在 TW 木质部组织中，同时进行着与 G 层形成和细胞壁组分合成调控相关的大量转录。编码 LTP、细胞色素 P450、phi-1 和 C3HL 结构域类转录因子的基因在 OW 中较丰富，而在 TW 中较少，提示这些基因在 OW 的发育中起着重要作用。相反，编码 FLA、富脯氨酸蛋白和 II 型几丁质酶的基因在 TW 中含量较高，而在 OW 中表达较少；显然，这些基因在 TW 的形成中起着重要的作用。

4.2.7　差异表达基因的鉴定

利用数字基因表达谱（DGE）技术对转录组中所有大于 400bp 的 unigene 的表达量和表达模式进行比较分析（OW vs TW、OW vs NW、TW vs NW），鉴定白桦木质部响应重力刺激时在不同位置中差异表达的基因（FDR≤0.0001，|$\log_2$Ratio|≥2），分析应拉木形成过程中的基因表达模式，筛选木质部发育过程中的相关基因。差异表达基因统计情况见表 4-5。TW 与 NW 中共得到 6264 个差异表达基因，其中上调表达的基因有 2792 个，下调表达的为 3472 个；OW 与 NW 中鉴定出 4533 个差异表达基因，OW 与 TW 中鉴定出 4025 个，这些差异表达基因的获得为本研究建立白桦应拉木形成过程中的分子调控网络、分析白桦木质部发育的分子调控及鉴定与白桦次生木质部发育和次生壁构建相关的基因提供了数据支持。

表 4-5　差异表达基因统计情况

类别	基因数量		
	TW vs NW	OW vs NW	OW vs TW
总计	6264	4533	4025
上调	2792	2322	2470
组织特异表达	605	313	323
下调	3472	2211	1555
只在对照样本中表达	530	315	480

GO 分类用于研究差异表达基因的功能群分布（图 4-5）。在三个主要的基因本体中，TW、NW 和 OW 中最丰富的亚类都是细胞、细胞组分、催化活性、结

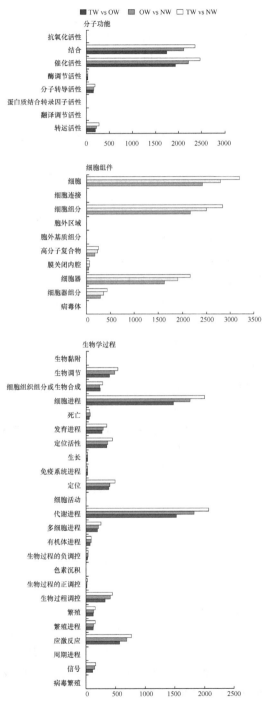

图 4-5 响应人工弯曲的差异表达基因 GO 分类结果

横轴为 unigene 数量，纵轴为 GO 子类别

合、细胞器、代谢进程和细胞过程，表明这些功能过程在 TW 和 OW 的形成中起主要作用。对这些 DGE 的分析可能有助于揭示反应木（RW）形成的机制，并可能有助于确定控制木质部发育和次生壁形成的重要调控因子。

4.2.8　FLA 基因的表达分析

阿拉伯半乳糖蛋白（AGP）是一类在植物群体中广泛分布的蛋白质，大多集中在细胞壁、细胞膜和细胞间隙，在细胞分化、识别、体细胞胚胎发生和细胞程序性死亡过程中发挥多元化作用（Showalter，2001）。类束状阿拉伯半乳聚糖蛋白（FLA）是阿拉伯半乳糖蛋白的一个亚类，具有果蝇细胞黏附分子类似结构域，参与植物细胞发育。火炬松（*Pinus taeda*）的 FLA 与木材形成相关（Whetten et al.，2001；No and Loopstra，2000）；稻（*Oryza sativa*）*OsFLA15* 和 *OsFLA19* 基因在茎中大量表达（Ma and Zhao，2010）；亮果桉（*Eucalyptus nitens*）两个 *FLA* 基因的表达与 45°压力处理的桉树弯曲面上下方木质部微纤丝角大小呈负相关（Qiu et al.，2008）；欧美杨（*Populus tremula* × *P. tremuloides*）*FLA* 在 TW 木质部上调表达，参与应拉木胶质层（G 层）的形成并在其内侧大量积累（Andersson-Gunnerås et al.，2006；Lafarguette et al.，2004）；拟南芥（*Arabidopsis thaliana*）缺失 *FLA* 基因突变体中发现 *FLA* 通过影响纤维素沉积而影响茎干强度，通过保持细胞壁基质的完整性影响茎干弹性（MacMillan et al.，2010）。

本研究结果表明，编码类束状蛋白阿拉伯半乳聚糖蛋白（FLA）的基因（KA219691）是 TW 文库中最丰富的 10 个基因之一，并且相对于 OW 和 NW 在 TW 中被强烈诱导（表 4-4）。此外，在三个文库中发现了编码 19 个 *FLA* 的基因，其中 10 个是在 TW 中诱导的（图 4-6A）。综上结果表明，这些 *FLA* 参与了 G 层的形成，并可能在桦树 TW 的纤维素沉积和应拉木形成中起作用。

4.2.9　LTP 基因的表达分析

植物脂转移蛋白（LTP）是一类丰富的脂质结合小蛋白，它们能够在体外进行膜间脂质交换，组成了参与各种生物过程的不同功能的蛋白质家族。Yeats 和 Rose 等（2008）研究发现一个有趣的结果，即 LTP1 家族能够促进植物细胞壁松弛，在细胞壁扩张和植物生长中起重要作用。Roach 和 Deyholos（2007）发现在茎韧皮纤维发育的伸长阶段和细胞壁加厚阶段都存在 *LTP* 和 *AGP* 的特异转录。更有研究直接在转录水平上将 *LTP* 定位于拟南芥韧皮部、形成层和胚轴的非维管组织中（Orford and Timmis，2000）。

本研究确定了 10 个编码 LTP 的基因，其中 2 个是所有三个文库中最富集的前 10 个基因（KA275752 和 KA244244）（表 4-4），提示这些基因在 TW、OW 和 NW 的形成中起着重要作用。另外，8 个 *LTP* 基因在 TW、NW 和 OW 中受到差异调控，其中 7 个基因在 TW 中的表达水平低于 OW 或 NW（图 4-6B）。再加上 TW 细胞管腔较小的性状，这些 *LTP* 在 TW 细胞中的表达减少可能导致 TW 形成过程中细胞壁疏松或细胞扩张受到抑制。

4.2.10　莽草酸、苯丙素和木质素单体生物合成途径基因表达分析

发育中的应拉木木质部的细胞壁经历由富含纤维素、半纤维素和木质素的 S 层向富含纤维素的 G 层的转变，涉及碳代谢的重定向。胶质层（G 层）是应拉木次生壁最内层所特有，其厚度相当于或大于正常细胞壁 S2 层厚度，纤维素含量较高，因此与正常木材相比，应拉木木质化程度较低，木质素含量降低。本研究化学分析表明，与 NW 和 OW 相比，弯曲 8 周的 TW 木质素含量显著降低，说明弯曲胁迫期间 TW 木质素生物合成途径受到抑制。莽草酸途径通过引导碳从糖代谢流向苯丙酸的生物合成在木质素生物合成中发挥作用。苯丙酸是木质素单体的前体，通过苯丙素和单体生物合成途径转化为木质素单体（Ehlting et al.，2005；Boerjan et al.，2003）。由于白桦 TW 木质素合成受到抑制，因此在 TW 的形成过程中，莽草酸、苯丙素和木质素单体生物合成途径相关基因的表达将发生很大的变化。

莽草酸途径包括脱氢奎尼酸脱水酶-莽草酸脱氢酶（dehydroquinate dehydratase-shikimate dehydrogenase，DHQ-SDH）、莽草酸激酶（shikimate kinase，SK）、5-烯醇式丙酮酰莽草酸-3-磷酸合酶（5-enolpyruvylshikimate-3-phosphate synthase，EPSPS）等。双功能酶 DHQ-SDH 催化莽草酸途径中脱氢莽草酸和莽草酸的形成（Singh and Christendat，2006）。SK（EC2.7.1.71）将来自中央代谢池的碳引导到木质素生物合成中广泛的次级代谢物（Fucile et al.，2008）。EPSPS 催化 5-烯醇式丙酮酰莽草酸-3-磷酸（EPSP）的形成（de Souza and Sant'Anna，2008），然后 EPSP 通过各种酶的作用形成苯丙酸。本研究结果表明，相对于 OW 和 NW，大多数参与莽草酸途径的基因在 TW 形成组织中下调（图 4-6D、图 4-7）。例如，在文库中分离到 14 个 *DHQ-SDH* 基因，其中 7 个表达下调，而相对于 OW 或 NW，TW 中只有 2 个 *DHQ-SDH* 基因表达上调。共鉴定出 9 个 *SK* 基因，其中 2 个在三个文库中差异表达。与 OW 或 NW 相比，TW 中的 *SK* 编码基因均显著下调。本研究发现的三个代表 *EPSPS* 的单一基因中，2 个表达下调，其中 1 个在 TW 中的表达与 OW 或 NW 相比没有明显改变。莽草酸途径中编码酶的转录物水平降低，再加上白桦 TW 中木质素含量降低，说明莽草酸途径参与木质素的生物合成，并在 TW 形成过程中受到抑制。

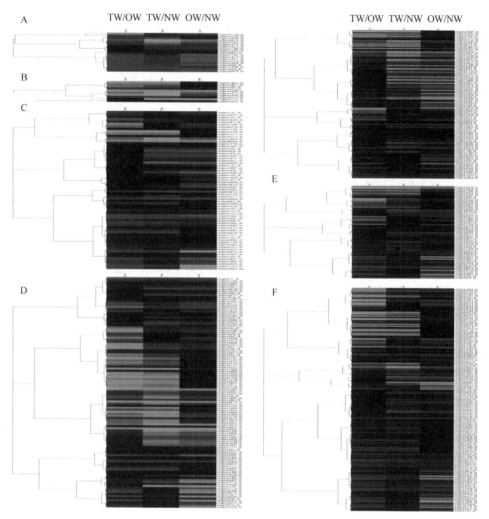

图 4-6 响应重力刺激差异表达基因家族差异表达量聚类分析（彩图请扫封底二维码）

所有比率都经过 log2 变换，因此相同大小的诱导和抑制在数值上相等，但符号相反。对数比率 0（比率 1）以黑色显示，并且随着强度增加，正（诱导）或负（抑制）对数比率分别以红色或绿色显示。红色表示诱导，绿色表示阵列中的抑制。A. FLA 家族基因；B. LTP 家族基因；C. 纤维素合成相关基因（cellulose biosynthesis related gene）；D. 木质素合成相关基因（lignin biosynthesis related gene）；E. 转录因子（TF）；F. 生长激素合成相关基因（growth hormone-related gene）

苯丙氨酸解氨酶（phenylalanine ammonia-lyase，PAL）是苯丙烷代谢途径中的第一个限速酶，其表达和丰度直接影响木质素生物合成的整个过程。植物中 *PAL* 基因超量表达后木质素的含量明显增加；抑制 *PAL* 基因表达的转基因烟草木质素含量下降，G 单体减少但伴随与次生代谢物质相关的抗逆能力下降（Sewal，1997）；本研究鉴定了 8 个 *PAL* 基因，其中 4 个在 TW 木质部中下调表达，说明这些基因在白桦苯丙烷代谢途径的入口处起到一定作用。

A

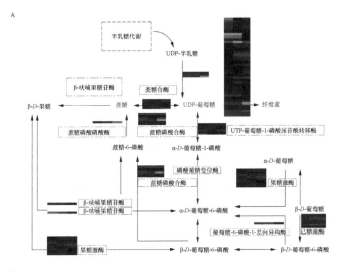

B

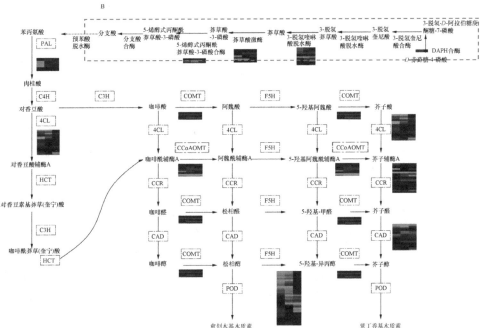

图 4-7　代谢途径基因变化图示（彩图请扫封底二维码）

所有比率都经过 log2 变换，因此相同大小的诱导和抑制在数值上相等，但符号相反。对数比率 0（比率 1）以黑色显示，并且随着强度增加，正（诱导）或负（抑制）对数比率分别以红色或绿色显示。红色表示诱导，绿色表示列阵中的抑制；三列色块分别表示 TW/OW、TW/NW、OW/NW

咖啡酸 3-*O*-甲基转移酶（caffeic acid 3-*O*-methyltransferase，COMT）和咖啡酰辅酶 A-*O*-甲基转移酶（caffeoyl-CoA-*O*-methyltransferase，CCoAOMT）是两个不同底物水平上的甲基化酶。COMT 的发现较早，研究发现当它的活性被抑制达

80%～90%时才能对木质素的组分产生影响；CCoAOMT 开始被认为是双子叶植物中参与病虫害响应的一种酶，随后 Ye 等开展研究，发现它在诱导百日菊（*Zinnia elegans*）分化的导管分子的木质化过程中起重要作用（Ye et al.，1994；Ye and Varner，1995）；抑制 *CCoAOMT* 基因表达的转基因烟草的木质素含量下降，其中 G 单体含量减少幅度大，导致 S/G 值升高，更证实 CCoAOMT 能够在一定程度上调控木质素生物合成（Lapierre et al.，1999）。本研究鉴定了在 TW 木质部中下调表达的 6 个 *COMT* 基因、2 个 *CCoAOMT* 基因，这些基因的下调可能对白桦应拉木木质素合成起到抑制作用。

香豆酸-3-羟化酶（coumaric acid-3-hydroxylase，C3H）能够催化香豆酰莽草酸和香豆酰奎尼酸生成相应咖啡酸的共轭物，Frank 等（2002）证实从拟南芥 *ref8* 突变体中分离的 *ref8* 基因是 *C3H* 基因，突变体中木质素含量减少，组分几乎都是香豆醇，缺少了野生植株中的松柏醇和芥子醇，直接证明了香豆酰莽草酸或香豆酰奎尼酸可能是木质素合成中重要的中间代谢物。本研究中鉴定 3 个在 TW 木质部中下调表达的 *C3H* 基因，这些基因的表达受到抑制，可能与应拉木形成相关。

4-香豆酸:辅酶 A 连接酶（4-coumarate:CoA ligase，4CL）催化香豆酸生成相应 CoA 酯。Kajita 等（1997）在 4CL 活性降低的转基因烟草中发现 S 和 G 木质素的含量都有所下降，且 G 木质素降低幅度更大。Hu 等（1999）用反义 RNA 技术抑制杨树 *4CL* 基因表达，发现在 4CL 酶活性下降 90%以上的转基因株系中木质素含量下降达 45%，同时伴随纤维素含量的增加。本研究鉴定了 8 个在 TW 木质部中下调表达的 *4CL* 基因，提示这些基因与白桦应拉木木质素含量变化有关。

肉桂酰辅酶 A 还原酶（cinnamoyl-CoA reductase，CCR）和肉桂醇脱氢酶（cinnamoyl alcohol dehydrogenase，CAD）能够将苯丙烷代谢途径产生的羟基肉桂酸-辅酶 A 酯类还原为相应的醛类物质及相应的木质素单体香豆醇、松柏醇和芥子醇。CCR 参与的反应一直被认为是潜在的碳向木质素分配的控制关节点，利用反义 RNA 技术能够抑制 70%的 CCR 活性，但影响植株的生长发育。Ralph 等（1997）在火炬松中发现了 1 个 *CAD* 隐性突变等位基因 *cad-nl*，这个突变体可使 CAD 酶缺陷，有效减缓从松柏醛到松柏醇的转变，阻止木质素单体的合成，同时引起可溶性酚类物的积累变化。本研究发现 4 个 *CCR* 基因、9 个 *CAD* 基因在 TW 木质部中下调表达，对这些基因的进一步研究将有助于对白桦木质素合成特异途径的探索。

本研究还发现了参与木质素单体聚合和修饰的基因，如编码过氧化物酶（POD）和漆酶（laccase）的基因。31 个 *POD* 基因的转录水平在 TW、OW 和 NW 之间存在差异，其中 20 个基因在 TW 与 NW 或 OW 之间表达下调。漆酶基因同源的 4 个基因的转录水平在 TW 组显著低于 OW 组和 NW 组。这些结果表明，在 TW 的形成过程中，木质素单体的聚合和修饰受到抑制。

从以上结果可以看出，在 TW 中，莽草酸、苯丙素和木质素单体生物合成途径的相关基因普遍下调，白桦 TW 木质素含量降低。综上结果表明，在 TW 中通过下调莽草酸、苯丙素和木质素单体生物合成途径相关基因的表达，使木质素的生物合成受到抑制。

纤维素是由尿苷二磷酸（UDP）-葡萄糖形成的，由 β-1,4-葡萄糖残基的长链组成。该反应由纤维素合酶（cellulose synthase，CesA，EC2.1.4.12）催化（Doblin et al.，2002）。纤维素的生物合成是一个十分复杂的过程，1982 年 Arioli 等在拟南芥中发现了射线膨大突变体（radial swelling 1，*rsw1*）、不规则木质部突变体（irregular xylem 3，*irx3*）及类似的突变体 *ixr1* 和 *ixr2*，直接证明了 CesA 参与植物纤维素的合成（Aloni et al.，1982）；不同的 *CesA* 基因成员在植物中的表达量和表达部位都有所不同，第一个林木质纤维素合酶 *PtrCesA1* 基因是从欧洲山杨（*Populus tremula*）中克隆得到的，该基因主要在次生壁形成期的茎部表达（Wu et al.，2000）。本研究结果显示 39 个单一的 *CesA* 基因中有 17 个在弯曲应力下差异表达，其中 12 个基因相对于 OW 或 NW 在 TW 中高表达（图 4-6C、图 4-7）。与这些结果一致的是，先前的研究也表明，弯曲的杨树茎上部的 *CesA* 基因表达在拉伸应力下显著升高（Bhandari et al.，2006；Wu et al.，2000）。此外，本研究结果显示，与 OW 和 NW 相比，TW 中的纤维素水平升高。综上结果表明，*CesA* 表达水平的增加导致纤维素水平的升高，因此这些 *CesA* 基因在纤维素的合成中起作用，并参与 TW 的形成。

纤维素生物合成玫瑰花环使用 UDP-葡萄糖作为底物（Haigler et al.，2001），UDP-葡萄糖合成途径涉及蔗糖代谢途径中的蔗糖合酶（sucrose synthase，SuSy，EC2.4.1.13）、蔗糖磷酸合酶（sucrose phosphate synthase，SPS，EC2.4.1.14）、蔗糖磷酸化酶（sucrose phosphorylase，SP，EC2.4.1.7）和蔗糖磷酸磷酸酶（sucrose phosphate phosphatase，SPP，EC3.2.1.20）（Winter and Huber，2000），半乳糖代谢途径中的 UDP-葡萄糖-4-差向异构酶（UDP-glucose 4-epimerase，GALE，EC5.1.3.2），葡萄糖和果糖代谢途径中的葡萄糖-1-磷酸尿苷酰转移酶（glucose-1-phosphate uridylyltransferase，EC2.7.7.9）、磷酸葡萄糖变位酶（phosphoglucomutase，PGM，EC5.4.2.2）、葡萄糖-6-磷酸异构酶（glucose-6-phosphate isomerase，EC 5.1.3.15）、己糖激酶（hexokinase，EC2.7.1.1）和果糖激酶（fructokinase，EC2.7.1.4），以及 β-果糖苷酶（beta-fructosidase，EC3.2.1.26），一种将蔗糖转化为葡萄糖、果糖和其他糖的酶。这些酶参与 UDP-葡萄糖和纤维素的合成（Yamashita et al.，1998；Chung et al.，2012）。此外，*α-expansin* 基因也参与纤维素生物合成，通过转基因反义方法下调 *α-expansin* 基因表达导致细胞壁中结

晶纤维素含量下降（Zenoni et al., 2004; Wang et al., 2011a）。

本研究结果表明,这些基因在 TW 中上调得比在 NW 或 OW 中上调得要多（图 4-6C、图 4-7）。例如,SuSy 是植物蔗糖代谢中极其重要的一种酶,它催化一个可逆反应:蔗糖+UDP ⟶ 果糖+UDP-葡萄糖,但通常认为主要起分解蔗糖的作用,而纤维素合成的底物为 UDP-葡萄糖,这就显示出 SuSy 在为纤维素合成提供底物 UDP-葡萄糖方面起重要作用;从蛋白质的细胞定位方面来讲 SuSy 位于纤维细胞的表面并且朝向纤维素沉积的方向;SuSy 活性降低时,纤维素合成原料不足将导致棉纤维强度降低（Salnikov et al., 2003）。本研究鉴定出 5 个 *SuSy* 基因在 TW 中上调表达,其中一个基因（KA274566）在应拉木中被显著诱导,也验证了 TW 木质部中纤维素的积累。木葡聚糖内糖基转移酶/水解酶 XTH（xyloglucan endotransglucosylase/hydrolase）属于糖苷水解酶家族 16 的成员,是植物细胞壁重构过程中的关键酶,Liu 等（2007）研究拟南芥 *AtXTH21* 基因发现,它能够改变纤维素的沉积和细胞壁的延伸,在根初生生长中起着重要的作用。本研究鉴定出 9 个在 TW 中上调表达 *XTH* 基因,这些基因表达量的变化说明它们参与了应拉木形成过程中细胞壁的重构。此外,共鉴定出 6 个 *SPS*,其中 5 个 *SPS* 在 TW 中的诱导率高于 OW 或 NW。3 个已鉴定的 *GALE* 基因中有两个在 TW 中高度富集。在文库中分离到 6 个葡萄糖-1-磷酸尿苷转移酶基因,其中两个基因在 TW 中比 OW 和 NW 显著富集。此外,相对于 OW,3 个 *α-expansin* 基因（KA276137、KA202593 和 KA270930）在 TW 中被高度诱导（图 4-6）。许多纤维素生物合成相关基因在 TW 中被诱导,再加上 TW 中积累的高水平纤维素,这一事实清楚地表明,纤维素生物合成在 TW 中被高度激活。因此,维持高水平的纤维素生物合成对 TW 的形成非常重要。

转录因子（transcription factor, TF）控制着复杂的转录调控网络,在木材形成过程中的次生壁修饰中起着重要作用。本研究将研究重点放在 NAC 和 MYB-TF 上,因为它们在次生壁修饰中起重要作用（Demura and Fukuda, 2007; Zhong et al., 2007a, 2007b; Du and Groover, 2010）。使用层次聚类分析,根据表达模式将差异表达的 *NAC* 基因分为两组（图 4-6E）:一组包含在 TW 中上调的 *NAC*,另一组包含在 TW 中与 OW 或 NW 相比下调的 *NAC*。单一基因 KA246202 和 KA269898 与拟南芥中的 *VND1* 相匹配,后者在分化木质部导管中优先表达（Yamaguchi et al., 2010）,在本研究中,与 OW 或 NW 相比,它们在 TW 中均上调（图 4-6E）。单一基因 KA255359 与拟南芥 *NST1* 匹配,后者是次生壁形成的关键调控因子（Mitsuda et al., 2007）,其转录水平在 OW、TW 和 NW 之间发生了显著改变,表明它参与了次生壁的形成。*NAC* 在 TW、OW 和 NW 中的表达变化提示 NAC 与 TW 的形成密切相关,可能在 TW 的发生发展中起着重要的调节作用。MYB 家族蛋白在木质素生物合成过程中起着积极或相反的作用

(Fornalé et al., 2010; Legay et al., 2010)。在目前的研究中，与 OW 和 NW 相比，几乎一半的 *MYB* 在 TW 中上调，其余的 *MYB* 在 TW 中下调（图 4-6E）。单一基因 KA244417、KA275422 和 KA275423 均与 *AtMYB4* 匹配。由于 *AtMYB4* 是参与抑制木质素合成的苯丙烷代谢途径的关键阻遏因子（Hemm et al., 2001），这三个基因在 TW 中上调（图 4-6E）；同时，木质素合成相关基因的表达和木质素含量在 TW 中均降低（图 4-6D），这表明它们在抑制木质素合成方面可能与 *AtMYB4* 具有相似的功能。单一基因 KA262304 与拟南芥次生壁生物合成调控的关键基因 *AtMYB46* 匹配（Zhong et al., 2007a）。由于它在 TW 中上调，可能参与了 TW 的形成。TW、OW 和 NW 之间 *MYB* 表达的差异表明，这些 MYB 蛋白可能在 TW 的形成过程中起着积极或相反的作用。

与拟南芥同源基因的缺失可能是由于这些差异表达基因实际上参与了木材的形成，但尚未被确认，或者这些转录因子可能与木材有关；然而，在拟南芥中，它们可能不参与木材的形成，因为木本植物基因可能具有拟南芥特有的功能。

4.2.11 生长激素相关基因表达分析

生长素参与酸诱导的管壁疏松和维管发育（Fukuda, 2004），可能是 TW 形成的关键调节因子。本研究鉴定了大量生长素家族基因，包括编码 ARF、AUX/IAA 蛋白、生长素外排载体蛋白、生长素内流转运蛋白、生长素反应因子和生长素诱导蛋白的基因。尽管有报道称，无论倾斜茎中生长素的含量如何，TW 都会形成，而且 TW 和 OW 之间的 IAA 含量没有显著差异（Jin et al., 2011），但大多数生长素家族基因在本研究三个文库中都有差异表达（图 4-6F）。其中一些基因在白桦 TW 中表达下调。与此结果一致，推测的生长素内流转运蛋白 PttLAX1、生长素反应蛋白 PttIAA5 和一些生长素反应因子在杂交白杨 TW 形成过程中也显示转录物丰度降低（Andersson-Gunnerås et al., 2006）。此外，北美鹅掌楸中生长素相关基因的丰度也出现了类似的下降（Jin et al., 2011）。然而，这些基因大部分在白桦 TW 中表达上调，表明生长素相关基因参与了白桦 TW 的发育。综上结果表明，生长素在桦树 TW 的形成中具有复杂的活性。

4.2.12 Solexa 基因表达谱 qRT-PCR 验证

为了进一步评价 Solexa 测序的有效性，用特异性引物进行 qRT-PCR 分析，扩增出 15 个差异表达基因。qRT-PCR 结果与 DGE 结果一致（图 4-8），验证了 DGE 结果的可靠性。

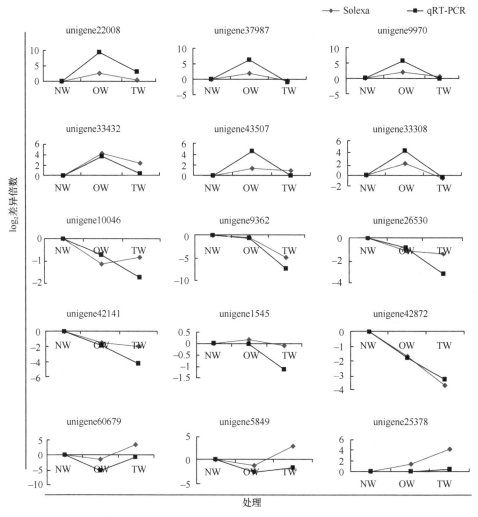

图 4-8　Solexa 表达谱的 qRT-PCR 验证

NW 为对照，所有比率都经过 log2 变换

4.2.13　小结

本节对人工机械弯曲条件下白桦茎中 TW、OW 和 NW 木材化学成分的分析表明，重力和人工弯曲刺激可以影响白桦木质部的发育。此外，TW 的纤维素含量显著高于 OW 或 NW，而木质素含量显著降低。在树木弯曲 2 周后，从 TW、OW 和 NW 构建了三个转录组文库，发现三个文库中有 9684 个基因表达存在显著差异。在这些基因中，发现了与次生壁结构和木材组成有关的基因，包括纤维素和木质素的生物合成基因。在基因组水平上研究人工弯曲对基因表达的影响无疑

将加速对植物木质部发育机制的理解，并将有助于鉴定白桦木质部发育的相关基因。这些发现对于通过基因工程改善植物木材性质具有潜在的应用价值。

4.3　白桦木质部蛋白提取方法的建立

4.3.1　材料与方法

1. 材料

白桦四年生植株由东北林业大学林木遗传育种国家重点实验室提供，种植于东北林业大学"哈尔滨城市林业示范基地"。采集白桦四年生实生苗茎，剥去外层树皮，削取外层 3～5mm 正在发育的木质部，以液氮速冻处理，置于−80℃冰箱保存备用。

2. 蛋白质提取方法

取约 2g 冻存材料，用液氮充分研磨之后，平均分成 3 份，每份 0.6g，分别用于三种提取方法。

TCA-丙酮沉淀法：取 0.6g 用液氮充分研磨的材料，将粉末转移到 50mL 离心管中并加入 3 倍体积的−20℃预冷的丙酮溶液[含 10% TCA 和 0.1% DTT（二硫苏糖醇，dithiothreitol）]，−20℃沉淀过夜。4℃下 35 000g 离心 1h，弃上清，保留沉淀。用三倍于沉淀体积的含有 0.07%（V/V）β-巯基乙醇的预冷丙酮沉淀重悬，−20℃沉淀 1h。4℃下 100 000g 离心 1h，弃上清，保留沉淀。上述步骤重复一次。用真空干燥离心机将沉淀抽干，置于−80℃待用。

酚提取法：取 0.6g 用液氮充分研磨的材料，分装于 1.5mL 离心管中，每管加入 1mL 匀浆缓冲液[20mmol/L Tris-HCl（pH 7.5），0.9mol/L 蔗糖，10mmol/L EGTA（一种钙离子螯合剂），1mmol/L 苯甲基磺酰氟（PMSF），1mmol/L DTT 及 1% Triton X-100]，振荡 20min。4℃下 14 000r/min 离心 60min。取上清液，加入等体积的 pH 7.8 Tris-饱和酚，振荡 5min，以 12 000r/min 在 4℃下离心 30min。取酚层，加入 5 倍体积含 0.1mol/L 乙酸铵的预冷甲醇，充分混匀，−20℃下过夜，沉淀蛋白质。沉淀用含 0.1mol/L 乙酸铵的预冷甲醇洗 2 次，预冷丙酮洗 2 次。所得蛋白质干粉置于−80℃待用。

试剂盒提取法：采用生工生物工程（上海）股份有限公司的植物蛋白提取试剂盒。取 0.6g 用液氮充分研磨的材料，将粉末转移到 1.5mL 离心管中。每 100mg 组织粉末加入 1mL Solution A 和 0.7μL Solution C 粉末悬浮后，−20℃下放置 45min。以 16 000r/min 在 4℃下离心 15min，取沉淀。往沉淀中加入 1mL Solution B、10μL Solution D、0.7μL Solution D、0.7μL Solution C，并将沉淀悬浮后，立即以

16 000r/min 在 4℃下离心 15min。取沉淀进行冷冻干燥，置于–80℃待用。

3. 蛋白质样品溶解

将蛋白质加入裂解液（含 7mol/L 尿素，2mol/L 硫脲，4% 3-[(3-胆固醇氨丙基)二甲基氨基]-1-丙磺酸（CHAPS），1% DTT，10mmol/L EGTA，10mmol/L PMSF），充分浸泡，于 37℃摇床振荡 60min。4℃下 14 000r/min 离心 60min，去沉淀，保留上清液。采用 2-D Quant 试剂盒（GE 公司）测定样品吸光度值，计算样品蛋白质浓度。

4. 蛋白质样品纯化与浓度测定

将裂解的蛋白质用 5 倍体积的丙酮重沉，于–20℃沉淀 24h，4℃下 14 000r/min 离心 60min，弃上清。按照"3. 蛋白质样品溶解"中的方法重新进行裂解。采用 2-D Quant 试剂盒测定样品吸光度值，计算样品蛋白质浓度。

5. SDS 聚丙烯酰胺凝胶电泳（SDS-PAGE）与凝胶扫描

使用不连续胶 SDS-PAGE 法（Laemmli，1970），浓缩胶浓度为 4%，分离胶浓度为 12%，每孔上样量约为 8μL，与 2×上样缓冲液等体积混匀后上样。采用 Bio-Rad 公司的 PowerPac Basic 垂直电泳系统。电泳条件为 80V 约 3h，120V 约 1h。电泳结束后采用考马斯亮蓝 R-250 染色。染色后用 Image Scanner III扫描仪（GE HealthCare 公司）对凝胶进行扫描和图像采集。

6. 双向电泳与凝胶扫描

第一向采用 13cm，pH 3～10，非线性（nonlinear，NL）的固相 pH 梯度（immobilized pH gradient，IPG）胶条，蛋白质上样的质量为 150μg，上样总体积为 200μL，根据蛋白质定量结果，使所有样品蛋白质上样总质量保持一致，不足的体积用水化液[8mol/L 尿素，2%（W/V）CHAPS，40mmol/L DTT，2%（V/V）pH 3～10 IPG 缓冲液，0.002%（W/V）溴酚蓝]补齐。等电聚焦程序为：50V，17h；500V，2h；1000V，1h；8000V，2h；8000V，3.5h，整个过程在 20℃下进行。等电聚焦结束后，取出胶条，放入含有 0.05g DTT 的平衡液[50mmol/L Tris-HCl，6mol/L 尿素，3%（V/V）甘油，2%（W/V）SDS，0.002%（W/V）溴酚蓝]中，将平衡管置于摇床上平衡 30min。第一步平衡结束后，将胶条放入含有 0.125g 碘乙酰胺的平衡液中，将平衡管置于摇床上平衡 30min。将平衡好的胶条转移到 14% 聚丙烯酰胺凝胶上，进行第二向电泳分离，条件为：40mA 约 40min，70mA 约 1.5h，至溴酚蓝跑到胶底部，采用银染法（Silver Staining 试剂盒，GE 公司）对电泳胶进行染色。染色后用 Image Scanner III扫描仪对凝胶进行扫描和图像采集。利用专业双向电泳凝胶分析软件 PDQuest8.01 进行双向电泳的图像分析。

4.3.2　不同方法提取的蛋白质得率比较

由表 4-6 可以看出，3 种方法提取的蛋白质浓度差异较大。酚提取法提取的蛋白质浓度最大，其蛋白质浓度是 TCA-丙酮沉淀法的 15 倍，试剂盒提取法的 4 倍。TCA-丙酮沉淀法提取的蛋白质浓度最低，试剂盒提取法提取的蛋白质浓度是TCA-丙酮沉淀法的 4 倍。而 TCA-丙酮沉淀法得到的蛋白质溶液体积是其他两种方法的 2 倍，但是最终酚提取法得到的蛋白质总质量最多，是 TCA-丙酮沉淀法的 7 倍多，是试剂盒提取法的 4 倍多。

表 4-6　3 种方法提取的蛋白质浓度与质量

样品	浓度（μg/μL）	体积（μL）	质量（μg）
T	0.167	200	33.333
F	2.533	100	253.333
S	0.600	100	60.000

注：T 为 TCA-丙酮沉淀法提取的木质部蛋白；F 为酚提取法提取的木质部蛋白；S 为试剂盒提取法提取的木质部蛋白

4.3.3　不同提取方法的单向电泳（1-DE）图谱分析

由图 4-9 可以看出，相同的上样体积，酚提取法提取的蛋白质浓度最大，符合上述蛋白质浓度的测定结果。1-DE 图谱结果显示，3 种方法提取的蛋白质条带清晰，且分离性较好，没有出现拖尾现象。在高分子量区域（>100kDa）和低分子量区域（<25kDa）都可以检测到明显的蛋白质条带。而 TCA-丙酮沉淀法在 a 区域能检测到的蛋白质条带明显少于其他 2 种方法，酚提取法和试剂盒提取法的蛋白质条带图谱很相似，在 a 区域均显示出丰富的蛋白质条带，但是个别条带在丰度上出现差异（图 4-9 中箭头所指）。

4.3.4　不同提取方法的双向电泳（2-DE）图谱分析

用 TCA-丙酮沉淀法、酚提取法、试剂盒提取法分别提取白桦木质部蛋白，通过蛋白质裂解，经双向电泳及染色，通过图像采集系统得到的电泳图谱如图4-10 所示。从 2-DE 图谱中可以看出 3 种方法的蛋白质点均比较清晰，呈圆形或椭圆形。蛋白质点多集中在 pH 4～7 的范围内，分子量在 10～100kDa，在高分子量区域（>100kDa）和低分子量区域（<25kDa）的蛋白质点较少，高丰度蛋白质集中的区域与 1-DE 蛋白质条带丰富区相符合，即图 4-9 中的 a 区

域。其中酚提取法的凝胶背景干净，蛋白质点更清晰，拖尾现象较少，鉴定的蛋白质点最多，如图 4-10 所示。电泳图谱经 PDQuest8.01 分析，结果如表 4-7 所示。酚提取法得到的蛋白质点最多，为 398 个，TCA-丙酮沉淀法为 270 个，试剂盒提取法为 284 个。

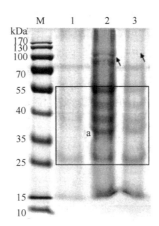

图 4-9　3 种方法提取白桦木质部蛋白的 1-DE 图谱

M 代表标准蛋白质分子量；1、2、3 分别为 TCA-丙酮沉淀法、酚提取法和试剂盒提取法提取的木质部蛋白。箭头所指为差异蛋白条带

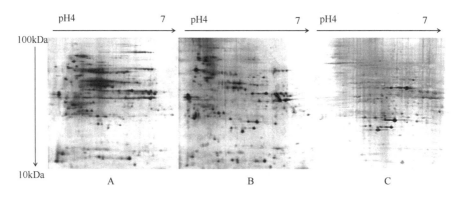

图 4-10　3 种方法提取白桦木质部蛋白的 2-DE 图谱

A. 酚提取法；B. TCA-丙酮提取法；C. 试剂盒提取法

表 4-7　2-DE 电泳图谱分析结果

方法	蛋白质点（个）	匹配率（%）
F	398	100
T	270	68
S	284	71

注：S 为试剂盒提取法；T 为 TCA-丙酮沉淀法；F 为酚提取法

4.3.5　木质部蛋白提取方法的综合分析

蛋白质提取技术一直是植物蛋白质组学研究中的关键技术（王力敏等，2014），不同的植物组织结构及成分不同，适用的蛋白质提取方法也不相同（Bertolde et al.，2014）。白桦木质部中本身蛋白质含量较少并且存在大量的糖类和活性成分，增加了提取的难度。在个别研究中，进行蛋白质提取的样品量有限，较高的提取效率就更为重要。为了能够建立一种适用于白桦木质部蛋白的提取方法，本研究严格控制初始材料的质量，先将材料进行充分研磨，之后进行均分，得到 3 份质量为 0.6g 的材料，再分别用 TCA-丙酮沉淀法、酚提取法、试剂盒提取法进行提取，这样可以更直观地看出这 3 种方法的优劣。结果显示，相同质量的材料提取的蛋白质浓度差异较大，获得蛋白质的最终质量也不相同，即在材料有限的前提下，3 种方法的提取效率不同。

试剂盒提取法操作简单，提取的蛋白质浓度适中，而且从 2-DE 结果中得到的蛋白质点较多，但是因为本研究的试验材料为木质部，不易研磨，一旦提取材料的质量加大，则操作不易，药品的耗损加大，而且最终得到的蛋白质沉淀不易裂解，所以最终得到的蛋白质质量不高。并且一个试剂盒的提取次数为 50 次/100mg，提取数量有限，增加了试验成本，不适合于大量蛋白质提取的研究。

TCA-丙酮沉淀法是提取植物蛋白最常用的方法，操作步骤简单，蛋白质粗提物产量大（杨秋玉等，2014），本研究中经过纯化，TCA-丙酮沉淀法得到的蛋白质体积仍是其他方法的 2 倍。但是该方法试验过程耗时较长，需要使用超速离心设备，而且不能有效地去除材料组织中的多糖（彭存智等，2010），进而影响了蛋白质样品的上样量和电泳的质量。而且在烦琐的提取过程中也加大了蛋白质的损失量，从图 4-9 中可以看出 TCA-丙酮沉淀法并没有有效地消除可能影响蛋白质质量的干扰物，在 a 区域的蛋白质条带也没有其他 2 种方法提取的丰富。并且，提取相同质量材料的蛋白质，TCA-丙酮沉淀法得到的蛋白质浓度最低，尽管提取材料较少不适合该方法的大体系提取，但与其他 2 种方法比较，TCA-丙酮沉淀法的提取效率最低。

酚是一种温和的变性剂，而多糖类物质不溶于酚，蛋白质更容易进入酚层，这样可有效去除样品中的杂质（杨秋玉等，2014），从而提高蛋白质的提取效率。传统的酚提取法是将材料研磨之后，在研钵中加入提取缓冲液，而本研究将材料分装到 1.5mL 离心管再加入缓冲液，振荡 20min，这样能更有效地减少材料的损失，也使材料与提取液接触得更充分。并且将离心的速度加大，离心时间加长，如第一步的离心速度由 10 000g 改为 14 000r/min；20min 延长至 60min。宋学东等（2006）在研究白桦花芽蛋白提取时发现高速离心法能较好地去除多糖的影响。金艳等（2009）在对小麦叶片的总蛋白提取中也同样发现高速离心和延长离心时间能够除去部分多酚和醌类物质，从而提高蛋白质的提取率。同时，为了得到更多的蛋白质，在裂解液中加入 PMSF，来抑制丝氨酸和一些半胱氨酸水解酶的作用，袁坤等（2007）也通过加入 PMSF 来以减少蛋白质的降解。试验最终得到蛋白质干粉，便于裂解，所以得到的蛋白质质量最多，蛋白质的提取效率最高。从图 4-9 中可以看出酚提取法提取的蛋白质条带清晰丰富。并且 2-DE 的结果显示得到的蛋白质点最多，凝胶背景干净，蛋白质点清晰，说明用该方法提取的白桦木质部蛋白杂质较少。结合以上所述，酚提取法是目前较适于提取白桦木质部蛋白的方法。

4.3.6　小结

本研究以白桦分生木质部为材料，选用 TCA-丙酮沉淀法、酚提取法、试剂盒提取法三种方法提取白桦木质部蛋白。利用 SDS 聚丙烯酰胺凝胶电泳技术和双向凝胶电泳技术对蛋白质的提取效率与提取质量进行比对分析。研究发现，试剂盒提取的蛋白质质量较高，分离效果较好，但是试验成本太高，不适合大质量体系的研究，尤其是白桦木质部蛋白含量较少且次生代谢物较多的材料。TCA-丙酮沉淀法是最常用的提取蛋白质的方法，但是对离心设备的转速要求较高，试验过程烦琐，容易损失蛋白质，且得到的蛋白质干粉不易裂解，从研究结果中也看出分离效果一般，提取效率明显低于其他两种方法。改良的酚提取法则是三种方法中提取效率最高的，得到的蛋白质干粉易于裂解而且分离效果较好，经过改良之后使试验易于操作，是目前比较适合提取白桦木质部蛋白的方法。

4.4　白桦分生木质部响应重力的蛋白质组学分析

4.4.1　材料与方法

1. 材料处理与采集

白桦四年生植株由东北林业大学林木遗传育种国家重点实验室提供，种植于东北林业大学"哈尔滨城市林业示范基地"。于 5 月中旬，形成层开始旺盛活动时，人工弯曲处理四年生白桦树干，使其与水平面呈 45°角，每个处理取 5 株发育、形态和所处环境相近的同一无性系植株，重复三次。处理 4 周后，剥去树皮和韧皮部，取树干中间最大弯曲处上方木质部外侧薄层，即应拉木（TW）；下方木质部，即对应木（OW）；未处理的直立树干分生木质部，即直立木（NW），液氮速冻处理，于–80℃保存，用于蛋白质的提取。同时，截取白桦弯曲茎段和相应位置处的直立木茎段，用于木材切片研究。

2. 应拉木形成切片检测

白桦茎段，用纯水浸泡充分软化。利用滑走式切片机（德国，Leica 1400），对 TW、OW 和 NW 横截面进行切片，厚度为 40μm。对切片进行番红-固绿（1%）对染，染色后用光学显微镜（日本，Olympus BX43）进行镜检及拍照保存。

3. 白桦木质部蛋白提取

利用改良的酚提取法提取白桦木质部蛋白，操作方法如 4.3.1 节。将以酚提取法粗提的蛋白质，用 5 倍体积的丙酮重新沉淀，于–20℃静置沉淀 24h。4℃下 14 000r/min 离心 1h，保留沉淀。按照 4.3.1 节的方法对蛋白质进行裂解，并测定浓度。裂解后的白桦 TW、OW 和 NW 木质部的全蛋白按照每管大于或等于 100mg 进行分装，每个处理设置 3 个生物学重复，并分别标记为 T1、T2、T3，O1、O2、O3，N1、N2、N3。

4. iTRAQ 蛋白质组学测定分析

蛋白质样品检验合格后送华大基因（北京）进行 iTRAQ 分析。试验流程为：细胞或样品组织→蛋白质提取→还原性烷基化处理→定量试剂盒定量→SDS-PAGE 检测→等量蛋白胰蛋白酶酶解→iTRAQ 试剂标记肽段→肽段等量混合→强阳离子交换分离（SCX 分离）→基于 Triple TOF 5600 的液相色谱电喷雾电离串联质谱联用（liquid chromatography-electrospray ionization-mass spectrometry，LC-ESI-MS/MS）分析。

5. 生物信息学分析

在生物信息学分析中，质谱原始文件转换成 mgf 格式（sample.mgf），mgf 文件包含了二级质谱（MS/MS）图谱的信息。使用版本为 Mascot 2.3.02 的软件，进行二级质谱搜索。操作时以 mgf 文件为原始文件，选择已经建立好的转录组数据库，之后进行数据库搜索。使用的数据库为转录组数据库（含 70 106 个序列）。采用 Triple TOF 5600 质谱仪，基于数据库搜索策略的肽段匹配将误差控制在 ± 0.05Da，MS/MS 碎片离子的质量误差控制在±0.1Da。依据蛋白质丰度水平，当蛋白质丰度比即差异倍数达到 1.2 倍以上，且经统计检验其 P 值小于 0.05 时，视该蛋白质为不同样品间的差异蛋白。对白桦应拉木形成的差异蛋白进行分析，包括 GO 注释（http://www.geneontology.org/）、COG 注释（http://www.ncbi.nlm.nih.gov/COG/）、KEGG 代谢通路分析（https://www.kegg.jp）（Kanehisa，2002）及差异蛋白富集分析等。

4.4.2 白桦 TW、OW、NW 的生长表型

木材切片研究结果表明，TW、OW 和 NW 之间的生长速率有明显的区别，应拉木组织生长较快，而对应木和直立木生长速率明显较应拉木慢，这导致白桦的树干在人工弯曲和重力刺激的影响下，形成了非正常的生长，即偏心生长（图4-11）。同时，利用番红-固绿对染技术对切片进行染色。由染色结果可以看出，上一年轮已木质化组织被番红染色，呈现均匀的红色（图4-11），处理当年新生的组织，应拉木明显被染成绿色，说明该组织纤维素沉积较多，而木质素沉积与直立木和对应木相比较少，尚未完成木质化；对应木和直立木木质素沉积较应拉木明显，呈红色，说明对应木和直立木的木质化程度较应拉木高。同时，TW 组织内导管数量要少于 OW 和 NW，管腔也要小于 OW 和 NW。以上特征说明，在人工弯曲模拟重力刺激条件下，白桦茎干形成了典型的应拉木。

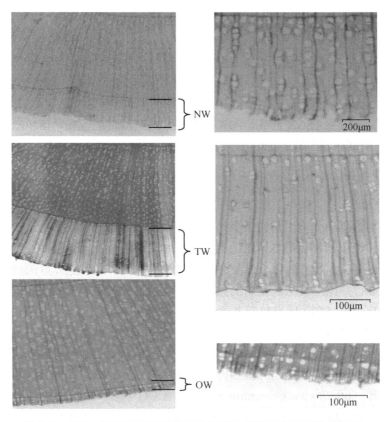

图 4-11　TW、OW 和 NW 切片与染色结果（彩图请扫封底二维码）

4.4.3 白桦 TW、OW 和 NW 木质部蛋白质量检测

　　利用酚提取法提取白桦木质部蛋白，通过 Bradford 法和 SDS-PAGE 对白桦 TW、OW 和 NW 木质部蛋白进行质量检测。对于蛋白质组学的研究，样品制备的过程必须是具有可重复性的（陈洁，2012），本研究进行了 3 个生物学重复。其中，蛋白质样品的浓度测定结果如表 4-8 所示，结果显示全部样品的蛋白质总量均高于 100μg，满足进行定量分析的要求。由 SDS-PAGE 的结果可以看出，所提取的白桦木质部蛋白条带清晰，符合测序要求（图 4-12）。基于 iTRAQ 技术灵敏度高、分析范围广的特点，对于可以考马斯亮蓝染色染出来的条带均可以检测，所以蛋白质质量越高，能检测的蛋白质越多。而且试验过程中样本需要用胰蛋白酶消化，其过程可能会引起误差，因此保证 iTRAQ 前期样本处理条件的一致性很重要（陈洁，2012）。

表 4-8　蛋白质样品浓度测定结果

样品名	浓度（μg/μL）	体积（μL）	蛋白总量（μg）
O1	1.14	150	171.00
O2	1.00	150	150.00
O3	0.73	200	146.00
N1	0.55	196.1	107.86
N2	1.05	150	157.50
N3	1.30	150	195.00
T1	2.28	150	342.00
T2	2.31	150	346.50
T3	1.96	150	294.00

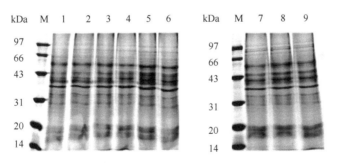

图 4-12　SDS-PAGE 结果

M 为蛋白质 Marker；1～3 跑道分别为 O1、O2、O3；4～6 跑道分别为 N1、N2、N3；
7～9 跑道分别为 T1、T2、T3

4.4.4 原始数据分析和蛋白质鉴定结果

1. 鉴定的基本信息

为了确保定量数据的可靠性，本研究设置了 3 个生物学重复，每次重复将 5 株白桦材料进行混合，用于蛋白质组学的研究。利用液相色谱-质谱联用进行白桦 TW、OW 和 NW 三种材料差异表达蛋白的定量分析，共获得 525 089 个肽段。利用 Mascot 2.3.02 软件对获得的肽段进行分析（美国 Matrix Science 公司），共鉴定出 48 442 条已知的肽段，42 316 个特异的肽段，匹配到 5824 条多肽和 5392 条特异的多肽，最终鉴定出 1926 个蛋白质（表 4-9）。

表 4-9 白桦蛋白质组鉴定基本信息

序号	类别	数量
1	total spectra	525 089
2	spectra	48 442
3	unique spectra	42 316
4	peptide	5 824
5	unique peptide	5 392
6	protein	1 926

注：total spectra 代表二级谱图总数，spectra 代表匹配到的谱图数量，unique spectra 代表匹配到特异肽段的谱图数量，peptide 代表鉴定到的肽段的数量，unique peptide 代表鉴定到特异肽段序列的数量，protein 代表了鉴定到的蛋白质数量

2. 蛋白质分子量分布

本研究对鉴定到的所有蛋白质，依据其分子量做统计分析（图 4-13）。可以看出蛋白质的分子量主要集中在 10～70kDa。

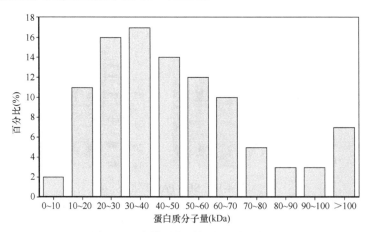

图 4-13 白桦蛋白质的分子量分布图

纵坐标为鉴定到的蛋白质数量百分比

3. 肽段序列长度分布

本研究对肽段长度的分布进行了分析，从构成每个蛋白质的多肽的分布规律中可以看出，超过 60% 的蛋白质包含至少 2 条多肽。大约 81% 的多肽的长度（氨基酸中）在 8~16 个氨基酸，大约 17% 的多肽长度超过 17 个氨基酸（图 4-14）。

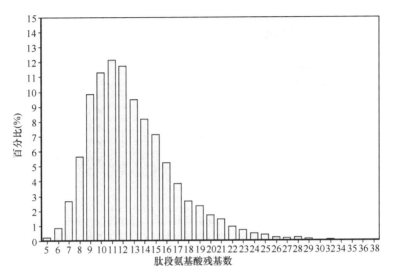

图 4-14　白桦蛋白质的肽段长度分布图

纵坐标为该长度肽段占所有肽段的百分比

4. 肽段序列覆盖度

对不同覆盖度的蛋白质比例进行分析，其中，0%~5% 的蛋白质数量占总蛋白数量的 32%；5%~10% 的蛋白质数量占总蛋白数量的 24%；10%~15% 的蛋白质数量占总蛋白数量的 15%；15%~20% 的蛋白质数量占总蛋白数量的 10%；20%~25% 的蛋白质数量占总蛋白数量的 6%；25%~35% 的蛋白质数量占总蛋白数量的 8%；35%~40% 的蛋白质数量占总蛋白数量的 2%；40%~100% 的蛋白质数量占总蛋白数量的 4%（图 4-15）。

5. 鉴定肽段数量分布

蛋白质所含肽段的数量分布情况显示的趋势表明，大部分被鉴定到的蛋白质，其所含的肽段数量在 10 个以内，且蛋白质数量随着匹配肽段数量的增加而减少（图 4-16）。

以上数据证明蛋白质组测序结果合格，能够用于接下来的比较蛋白质组学分析，利用 iTRAQ 技术进行 TW、OW 和 NW 定量蛋白质组学分析，用于了解白桦木质部响应人工弯曲处理的蛋白质调控程序是可行的。此外，生物学重复和技术重复能通过最小的生物学和技术上的变化来更精确地定量相关蛋白质的表达水平。

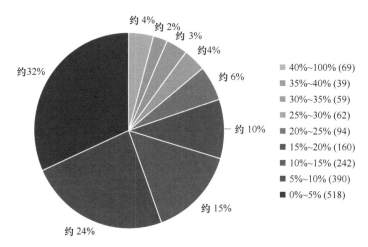

图 4-15　白桦蛋白质肽段序列覆盖度分布图（彩图请扫封底二维码）
不同颜色代表不同的序列覆盖度范围，饼状图百分比显示了处于不同覆盖度范围的蛋白质数量占总蛋白数量的比例

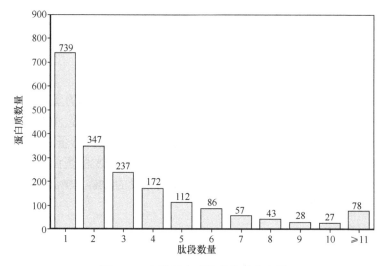

图 4-16　白桦蛋白质肽段数量分布图

4.4.5　差异表达蛋白的鉴定

本研究为了研究白桦木质部在人工弯曲处理模拟重力刺激下蛋白质表达的变化，进行了差异表达蛋白的定量分析。鉴定差异表达蛋白的标准为：两个样品间

蛋白质的丰度比即差异倍数达到 1.2 倍以上，且经统计检验其 P 值小于 0.05 时，视该蛋白质为不同样品间的差异蛋白。本研究在三种组织中总共鉴定出 1104 个显著差异表达的蛋白质（表 4-10）。其中，OW 和 TW 之间差异蛋白为 639 个，281 个上调表达、358 个下调表达；NW 和 TW 之间差异蛋白为 460 个，237 个上调表达、223 个下调表达；NW 和 OW 之间差异蛋白为 481 个，291 个上调表达、190 个下调表达。在 TW、OW、NW 三种材料组织中均差异表达的蛋白质有 173 个（图 4-17）。三种组织中蛋白质表达的变化说明这些蛋白质的差异是对人工弯曲和重力刺激的应答，这些蛋白质在应拉木形成过程中起着重要作用。

表 4-10　鉴定的差异表达蛋白数量

类型	上调蛋白数量	下调蛋白数量	总差异蛋白数量
OW 和 TW 之间	281	358	639
NW 和 OW 之间	291	190	481
NW 和 TW 之间	237	223	460

注：第一列中前一个样本为对照

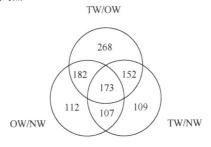

图 4-17　差异表达蛋白分布特征

4.4.6　差异表达蛋白的功能注释

1. GO 功能注释

本研究采用 Blast2GO（https://www.blast2go.com）软件对差异蛋白的功能进行研究。利用 GO 数据库，对所有的差异蛋白按照三个主要的基因本体，即生物学过程（biological process）、细胞组件（cellular component）和分子功能（molecular function），依次进行分类。其中，生物学过程最多，占总数的 44.70%；其次是细胞组分，占总数的 41.48%；最后是分子功能，占总数的 13.82%。在这三个主要的分类中，可以看出差异蛋白所在子分类最多的为细胞、细胞组分、代谢进程、细胞器、细胞进程、催化活性、结合、应激反应、细胞器部分、细胞膜和细胞组织部分或生物合成（图 4-18）。这些分类的蛋白质差异表达明显，说明这些功能程序在 TW 和 OW 的形成过程中起到重要作用。

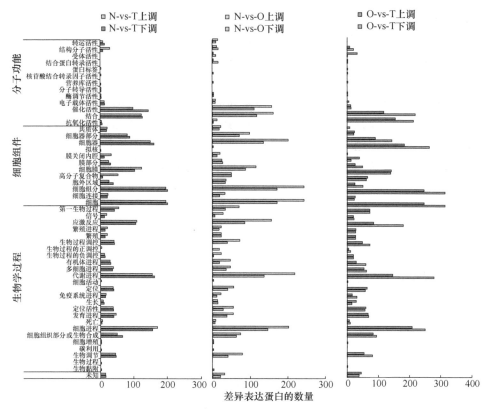

图 4-18　差异表达蛋白 GO 分类（彩图请扫封底二维码）

N-vs-T 表示以 N 为对照；N-vs-O 表示以 N 为对照；O-vs-T 表示以 O 为对照

本研究为了对差异蛋白的功能进行进一步鉴定分析，对其分类进行细化。差异表达蛋白进一步的注释分析显示它们被分化到与木质部和细胞壁发育相关的 GO 分类中，如植物型细胞壁组织（plant-type cell wall organization）（GO:0009664）、植物型细胞壁修饰（plant-type cell wall modification）（GO:0009827）、木质素生物合成通路（lignin biosynthetic process）（GO:0009809）、纤维素生物合成通路（cellulose biosynthetic process）（GO:0030244）和木聚糖生物合成通路（xylan biosynthetic process）（GO:0045492）等。研究结果说明，这些分类相关的差异蛋白参与了 TW 和 OW 的形成。对差异蛋白表达的分析有助于进一步揭示应拉木形成的潜在机制，并且为鉴定木质部发育和次生壁形成的重要调控因子作出了贡献。同时对这些蛋白质的比较分析，为在蛋白质组学水平上研究响应人工弯曲刺激的木质部形成提供了一个综合性的视野。

2. COG 功能注释

本研究为预测鉴定的蛋白质功能并对其做功能分类统计，进行了 COG 分析。

对于已鉴定到的蛋白质与 COG 数据库进行比对，COG 分析结果显示（图 4-19），占据蛋白质数量比较多的是一般功能性预测（R），翻译后修饰、蛋白质折叠和分子伴侣（O），能量生产和转化（C），糖类运输和代谢（G）等。

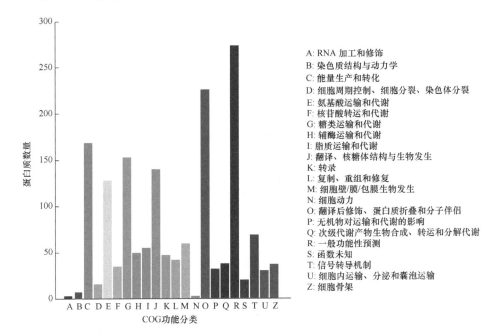

A: RNA 加工和修饰
B: 染色质结构与动力学
C: 能量生产和转化
D: 细胞周期控制、细胞分裂、染色体分裂
E: 氨基酸运输和代谢
F: 核苷酸转运和代谢
G: 糖类运输和代谢
H: 辅酶运输和代谢
I: 脂质运输和代谢
J: 翻译、核糖体结构与生物发生
K: 转录
L: 复制、重组和修复
M: 细胞壁/膜/包膜生物发生
N: 细胞动力
O: 翻译后修饰、蛋白质折叠和分子伴侣
P: 无机物对运输和代谢的影响
Q: 次级代谢产物生物合成、转运和分解代谢
R: 一般功能性预测
S: 函数未知
T: 信号转导机制
U: 细胞内运输、分泌和囊泡运输
Z: 细胞骨架

图 4-19　差异蛋白质的 COG 功能分类（彩图请扫封底二维码）

3. 差异表达蛋白响应人工弯曲的生物学途径分析

本研究为了进一步研究在人工弯曲影响下木质部形成发生的变化，进行了差异表达蛋白的生物学途径分析，并对这些代谢途径进行了富集分析。代谢途径富集分析结果显示（图 4-20），差异蛋白显著富集的通路有 23 类：植物激素信号转导（plant hormone signal transduction）相关差异蛋白为 15 个；柠檬酸循环（citrate cycle，也称 TCA cycle）相关差异蛋白为 27 个；氨糖和核糖代谢（amino sugar and nucleotide sugar metabolism）相关差异蛋白为 30 个；淀粉和蔗糖代谢（starch and sucrose metabolism）相关差异蛋白为 27 个；半乳糖代谢（galactose metabolism）相关差异蛋白为 7 个；果糖和甘露糖代谢（fructose and mannose metabolism）相关差异蛋白为 15 个；戊糖和葡萄糖醛酸相互转化（pentose and glucuronate interconversion）相关差异蛋白为 10 个；戊糖磷酸途径（pentose phosphate pathway）相关差异蛋白为 13 个；糖酵解/糖异生（glycolysis/gluconeogenesis）相关差异蛋白为 38 个；抗坏血酸和醛酸代谢（ascorbate and aldarate metabolism）相关差异蛋白为 21 个；苯丙氨酸、酪氨酸和色氨酸生物合成（phenylalanine, tyrosine and

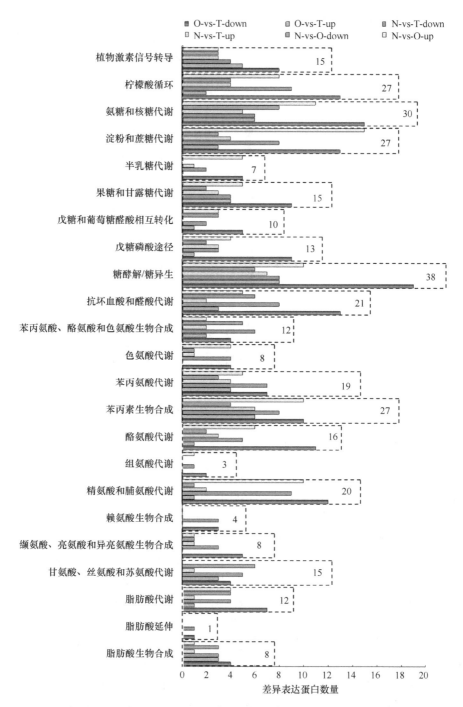

图 4-20　差异表达蛋白代谢途径富集分析（彩图请扫封底二维码）

O-vs-T-down 表示以 O 为对照，T 中下调表达的蛋白；O-vs-T-up 表示以 O 为对照，T 中上调表达的蛋白，余同

tryptophan biosynthesis）相关差异蛋白为 12 个；色氨酸代谢（tryptophan metabolism）相关差异蛋白为 8 个；苯丙氨酸代谢（phenylalanine metabolism）相关差异蛋白为 19 个；苯丙素生物合成（phenylpropanoid biosynthesis）相关差异蛋白为 27 个；酪氨酸代谢（tyrosine metabolism）相关差异蛋白为 16 个；组氨酸代谢（histidine metabolism）相关差异蛋白为 3 个；精氨酸和脯氨酸代谢（arginine and proline metabolism）相关差异蛋白为 20 个；赖氨酸生物合成（lysine biosynthesis）相关差异蛋白为 4 个；缬氨酸、亮氨酸和异亮氨酸生物合成（valine, leucine and isoleucine biosynthesis）相关差异蛋白为 8 个；甘氨酸、丝氨酸和苏氨酸代谢（glycine, serine and threonine metabolism）相关差异蛋白为 15 个；脂肪酸代谢（fatty acid metabolism）相关差异蛋白为 12 个；脂肪酸延伸（fatty acid elongation）相关差异蛋白为 1 个；脂肪酸生物合成（fatty acid biosynthesis）相关差异蛋白为 8 个。

　　本研究通过代谢途径富集分析，鉴定到了与木质部发育和细胞壁生物合成相关的差异蛋白，它们参与的代谢途径包括纤维素生物合成和多糖代谢途径、苯丙氨酸和酪氨酸代谢途径、苯丙烷代谢途径和木质素生物合成途径、氨基酸生物合成和其他途径。许多与这些代谢途径相关的蛋白质在木质部响应人工弯曲处理时，其表达都发生了变化，代谢途径中鉴定到的关键蛋白见表 4-11～表 4-13。

表 4-11　纤维素合成和多糖代谢途径相关蛋白

蛋白质编号	O-vs-T	Sig	N-vs-T	Sig	N-vs-O	Sig	蛋白质功能	酶编号
unigene72610_All	0.882	*	1.606		1.809		2-聚戊烯基苯酚羟化酶及相关黄酮氧还蛋白氧化还原酶	1.14.13.240
unigene70037_All	0.498	*	0.806		1.459		4-氨基葡萄糖转移酶	2.4.1.25
CL11657.contig1_All	0.264	*	0.761	*	3.477	*	6-磷酸果糖激酶	2.7.1.11
CL4322.contig1_All	0.874	*	1.043		1.071		6-磷酸葡萄糖酸脱氢酶，脱羧	1.1.1.44
unigene77389_All	1.054		1.095	*	0.991		6-磷酸葡萄糖酸脱氢酶，假设	1.1.1.44
unigene76822_All	0.801	*	0.994		1.131		乙酰辅酶 A 合酶	6.2.1.1
CL10197.contig2_All	0.689	*	1.059		1.428		乙醇脱氢酶	1.1.1.1
unigene71150_All	0.748	*	0.869	*	1.148	*	乙醇脱氢酶 3 类	1.1.1.1
CL11671.contig1_All	0.737		0.827	*	1.139		乙醛脱氢酶 7b，部分	1.2.1.3
unigene76668_All	0.735	*	0.837		1.203		醛脱氢酶，假定	1.2.1.3
CL6883.contig2_All	0.573	*	0.856		1.606	*	醛脱氢酶，假定	1.2.1.3
CL1852.contig1_All	1.539	*	1.354	*	0.92		醛糖 1-外酯酶	5.1.3.3
unigene71375_All	0.813	*	0.814		1.033		左旋阿拉伯水杨酸苷酶	3.2.1.55
CL11261.contig1_All	0.87	*	1.276		1.381	*	抗坏血酸过氧化物酶	1.11.1.11
CL1040.contig2_All	0.712	*	0.869		1.205		抗坏血酸过氧化物酶	1.11.1.11
unigene68211_All	0.697	*	0.828		1.117		ATP-利用磷酸果糖激酶	2.7.1.11

蛋白质编号	O-vs-T	Sig	N-vs-T	Sig	N-vs-O	Sig	蛋白质功能	酶编号
CL15272.contig1_All	1.101		0.877	*	0.825		β-D-木糖苷酶 6	3.2.1.37
unigene56978_All	0.759	*	1.388	*	1.663	*	类 β-葡萄糖苷酶 42	3.2.1.21
CL9982.contig1_All	0.467	*	0.787	*	1.682	*	1,4-α-葡聚糖分支酶	2.4.1.18
CL7175.contig1_All	1.262	*	1.014		0.8	*	类几丁质酶蛋白 2	3.2.1.14
CL3946.contig1_All	0.368	*	0.874		1.624	*	I 类几丁质酶	3.2.1.14
CL3946.contig2_All	0.331	*	0.898		2.84	*	I 类几丁质酶 1, 部分	3.2.1.14
unigene71654_All	1.155		0.984		0.844	*	烯醇化酶类	4.2.1.11
unigene2005_All	0.717	*	1.255	*	1.696	*	细胞质磷酸葡萄糖异构酶	5.3.1.9
unigene2549_All	1.021		0.819	*	0.911		类二氢脂酰脱氢酶	1.8.1.4
CL5036.contig1_All	1.641	*	0.823		0.464	*	dTDP-葡萄糖-4,6-脱水酶	5.1.3.18
CL5036.contig2_All	1.595	*	0.89		0.554	*	dTDP-葡萄糖-4,6-脱水酶, 推测	AXS
CL13440.contig1_All	0.952		0.758	*	0.806	*	内切葡聚糖酶 24	3.2.1.4
unigene51694_All	1.439	*	2.862	*	1.726	*	内切葡聚糖酶 25	3.2.1.4
unigene61636_All	0.557	*	0.776		1.274		烯醇酶	4.2.1.11
unigene51791_All	0.765	*	1.099		1.274		烯醇化酶 1	4.2.1.11
CL926.contig1_All	1.398	*	0.905		0.654	*	dTDP-葡萄糖-4,6-脱水酶, 部分	AXS
CL11161.contig1_All	0.745	*	0.842	*	1.149	*	果糖激酶	2.7.1.4
unigene67560_All	0.463	*	0.872		1.7	*	半乳糖激酶	2.7.1.6
CL4976.contig1_All	1.396	*	1.043		0.7	*	GDP-D-甘露糖焦磷酸化酶	2.7.7.13
CL8502.contig1_All	0.798	*	0.838	*	0.952	*	GDP-甘露糖-3,5-差向异构酶	5.1.3.18
CL3446.contig3_All	0.539	*	0.823		1.512	*	葡萄糖-1-磷酸腺苷酸转移酶大亚基 1	2.7.7.27
unigene67728_All	0.747	*	0.901		1.191		葡萄糖-6-磷酸异构酶	5.3.1.9
CL6089.contig3_All	1.112	*	0.951		0.844		甘油醛 3-磷酸脱氢酶	1.2.1.12
unigene67852_All	1.182		1.918	*	1.439	*	己糖激酶	2.7.1.1
CL14153.contig1_All	0.677	*	0.78	*	1.145		L-抗坏血酸盐氧化酶同源物	1.10.3.3
CL12001.contig2_All	0.358	*	0.889		2.465	*	L-肌醇 2-脱氢酶	1.1.1.14
CL10684.contig1_All	1.081		1.355		1.471		溶酶体 β-葡萄糖苷酶	3.2.1.21
unigene67794_All	0.75		0.826	*	1.029		单铜氧化酶样蛋白 SKU5	1.10.3.3
CL10211.contig1_All	0.572	*	0.781	*	1.337	*	单脱氢抗坏血酸还原酶	1.6.5.4
CL7615.contig1_All	0.664	*	0.843		1.747	*	NADP 依赖性甘油醛-3-磷酸脱氢酶	1.2.1.9
unigene47536_All	0.681	*	0.844		1.458		NADPH 依赖性甘露糖-6-磷酸还原酶	1.1.1.2
unigene73231_All	0.379	*	0.869		2.148	*	果胶甲酯酶, 部分	3.1.1.11

续表

蛋白质编号	O-vs-T	Sig	N-vs-T	Sig	N-vs-O	Sig	蛋白质功能	酶编号
unigene80513_All	0.306		0.875		2.436	*	果胶酯酶	3.1.1.11
CL222.contig2_All	2.107	*	1.654		0.848	*	Perakine 还原酶	1.1.1.122
unigene75967_All	1.658	*	1.939	*	0.982		磷酸烯醇丙酮酸羧激酶	4.1.1.49
CL4107.contig2_All	1.664	*	2.198	*	1.243		磷酸烯醇丙酮酸羧激酶，部分	4.1.1.49
unigene79189_All	0.665	*	0.729		1.089		磷酸果糖激酶，推测	2.7.1.11
unigene70783_All	1.125	*	1.117		1.022		磷酸甘油酸激酶	2.7.2.3
unigene18931_All	0.709	*	0.976		1.378	*	磷酸甘油酸激酶，部分	2.7.2.3
unigene79146_All	1.154	*	1.09		0.913		质体丙酮酸激酶2	2.7.1.40
unigene47214_All	7.8	*		*	−0.419	*	质体磷酸葡萄糖变位酶	5.4.2.2
unigene47214_All	0.419	*	0.864	*	2.152	*	质体磷酸葡萄糖变位酶	5.4.2.2
CL9707.contig1_All	1.52		1.009		0.636	*	钾通道 β 亚基	1.1.1.122
CL2472.contig3_All	0.658	*	1.079		1.764	*	预测的氧化还原酶	1.1.1.122
unigene17091_All	1.276	*	1.119		0.776	*	预测的 6-磷酸葡萄糖酸内酯酶2	3.1.1.31
CL5490.contig2_All	0.683	*	0.856	*	1.131	*	预测的醛酮还原酶1	1.1.1.122
unigene32110_All	0.837	*	0.83		1.054		预测的醛酮还原酶1	1.1.1.122
unigene1959_All	1.514	*	1.26	*	0.94		预测的 β-D-木糖苷酶2	3.2.1.21
CL1619.contig1_All	0.941		1.087		1.148		预测的 β-葡萄糖苷酶	3.2.1.21
unigene65157_All	0.799	*	0.715	*	0.867		预测的果糖二磷酸醛缩酶3	4.1.2.13
unigene61004_All	1.283	*	0.855	*	0.642	*	预测的多聚半乳糖醛酸酶	3.2.1.15
unigene67019_All	4.86		3.265	*	0.649		预测的鼠李糖生物合酶1	5.1.3.-
CL7417.contig2_All	2.546		1.74		0.774		预测的鼠李糖生物合酶1	4.2.1.7
CL11851.contig3_All	0.61	*	1.086		1.448		预测的 S-(羟甲基)谷胱甘肽脱氢酶1	1.1.1.1
CL10197.contig1_All	0.335	*	0.939		2.104		预测的乙醇脱氢酶	1.1.1.1
unigene72489_All	0.423	*	0.971		2.54	*	预测的果糖激酶5	2.7.1.4
unigene55924_All	0.903	*	0.838		0.928		预测的类果糖激酶5	2.7.1.4
unigene2551_All	1.131		0.67	*	0.579	*	预测的半乳糖脱氢酶	1.1.1.122
unigene55460_All	0.938		0.783	*	0.873		预测的 6-磷酸葡萄糖-1-差向异构酶	5.1.3.15
unigene55604_All	1.001		0.809		0.694	*	预测的磷酸核酮糖-3-差向异构酶	5.1.3.15
CL11227.contig1_All	0.644		0.895		1.388	*	预测的硫脂生物合成蛋白	3.13.1.1
unigene64568_All	1.246	*	1.112		0.937		二磷酸果糖-6-磷酸-1-磷酸转移酶	2.7.1.90
unigene64569_All	1.349	*	1.196	*	0.898		二磷酸果糖-6-磷酸-1-磷酸转移酶	2.7.1.90
CL10015.contig1_All	0.746	*	1.485		1.904	*	丙酮酸脱羧酶	4.1.1.1

蛋白质编号	O-vs-T	Sig	N-vs-T	Sig	N-vs-O	Sig	蛋白质功能	酶编号
unigene60383_All	0.939		0.922		0.869	*	丙酮酸脱氢酶复合亚基同源物 DDB_G0271564	2.3.1.12
unigene61829_All	1.055		0.98		0.895	*	丙酮酸脱氢酶 E1 组分 α 亚基	1.2.4.1
CL11196.contig1_All	0.815	*	0.739	*	0.895		丙酮酸脱氢酶 E1 组分 β 亚基	1.2.4.1
unigene20351_All	1.025		1.431	*	1.419		丙酮酸脱氢酶 E1 组分 β 亚基	1.2.4.1
CL9853.contig2_All	1.152	*	1.04		0.901		丙酮酸激酶	2.7.1.40
CL287.contig3_All	0.871	*	1.06		1.162		丙酮酸激酶	2.7.1.40
CL287.contig1_All	0.929		1.111		1.119	*	丙酮酸激酶，推测	2.7.1.40
unigene66366_All	0.539	*	0.82		1.51		核糖激酶	2.7.1.15
unigene67994_All	1.113		1.18	*	0.958		短链脱氢酶 TIC 32	1.1.1.-
unigene76261_All	0.615	*	1.056		1.65	*	可溶性酸性转化酶	3.2.1.26
CL12001.contig1_All	0.567	*	0.715	*	1.165		山梨醇脱氢酶	1.1.1.14
unigene70062_All	0.481	*	0.754		1.517		淀粉磷酸化酶	2.4.1.1
unigene77932_All	0.513	*	1.192		2.267	*	淀粉合酶异构体 2	2.4.1.21
unigene73030_All	0.734	*	0.581	*	0.838	*	琥珀酸-半醛脱氢酶（乙酰化）	1.1.1.1
unigene48668_All	1.074		1.293	*	1.073		磷酸丙糖异构酶，胞质异构体 1	5.3.1.1
CL11278.contig3_All	0.915	*	0.734	*	0.805	*	UDP-葡萄糖-6-脱氢酶	1.1.1.22
CL11278.contig2_All	0.993		0.595	*	0.685	*	UDP-葡萄糖-6-脱氢酶，部分	1.1.1.22
unigene21111_All	0.916	*	0.636	*	0.671		UDP-葡萄糖-6-脱氢酶样异构体 1	1.1.1.22
unigene54530_All	2.113		1.4	*	0.7		UDP-葡萄糖醛酸脱羧酶	5.1.3.18
unigene76177_All	1.569	*	1.119	*	0.708	*	UDP-N-乙酰氨基葡萄糖焦磷酸化酶	2.7.7.23
unigene74096_All	1.61	*	0.827		0.528		UDP-糖焦磷酸酶异构体 1	2.7.7.64
unigene70405_All	1.492		1.439	*	0.888		木糖醇氧化酶	1.3.2.3
unigene63572_All	1.001		1.337	*	1.341	*	转醛酶	2.2.1.2

注：前一个组织为对照，数字表达差异倍数，Sig 表示差异显著，下同

表4-12 苯丙氨酸和酪氨酸代谢相关蛋白与苯丙素和木质素生物合成相关蛋白

蛋白号	O-vs-T	Sig	N-vs-T	Sig	N-vs-O	Sig	蛋白质功能	酶编号
CL5978.contig1_All	0.762	*	0.617	*	0.87	*	3-脱氢喹酸脱水酶/莽草 5-脱氢酶	4.2.1.10
unigene21409_All	1.119	*	1.42	*	1.289	*	3-脱氢喹酸合酶类	4.2.3.4
CL10589.contig3_All	0.917		0.55	*	0.604	*	3-脱氧-阿拉伯庚酮糖酸酯 7-磷酸合酶	2.5.1.54
CL15369.contig1_All	1.105		0.722	*	0.789	*	3-磷酸莽草酸 1-羧基乙烯基转移酶 2	2.5.1.19
unigene75671_All	1.37	*	0.911		0.654		4-香豆酸:CoA 连接酶	6.2.1.12

蛋白号	O-vs-T	Sig	N-vs-T	Sig	N-vs-O	Sig	蛋白质功能	酶编号
unigene56221_All	0.886		0.827	*	0.931		4-羟苯基丙酮酸双加氧酶	1.13.11.27
CL10197.contig2_All	0.689	*	1.059		1.428		乙醇脱氢酶	1.1.1.1
unigene71150_All	0.748	*	0.869	*	1.148	*	乙醇脱氢酶 3 类	1.1.1.1
CL10774.contig1_All	0.601	*	0.954		1.334	*	天冬氨酸氨基转移酶	2.6.1.1
unigene70367_All	1.27		1.297	*	1.142		天冬氨酸氨基转移酶	2.6.1.1
unigene56978_All	0.759	*	1.388	*	1.663	*	β-葡萄糖苷酶 42	3.2.1.21
unigene50891_All	0.99		0.763	*	0.723		双功能天冬氨酸氨基转氨酶	2.6.1.78
CL7259.contig1_All	1.185	*	1.053		0.926		咖啡酸 3-O-甲基转移酶	2.1.1.68
CL8352.contig1_All	1.52		1.255	*	0.896		咖啡酰辅酶 A3-O-甲基转移酶	2.1.1.104
unigene63649_All	1.299	*	0.933		0.783	*	分支酸合酶	4.2.3.5
unigene74042_All	0.737	*	0.908		1.223		肉桂酸 β-D-葡萄糖基转移酶	2.4.1.120
unigene55976_All	1.466		1.312	*	0.873	*	肉桂酸 4-羟化酶	1.14.13.11
unigene74467_All	1.177	*	1.003		0.92		肉桂酰辅酶 A 还原酶	1.2.1.44
unigene88_All	0.7	*	0.834	*	1.126	*	肉桂酰辅酶 A 还原酶 1	1.2.1.44
unigene77828_All	0.729	*	0.82	*	1.112		肉桂醇脱氢酶	1.1.1.195
CL749.contig1_All	1.047		0.873		0.679	*	细胞色素 P450	1.14.13.36
unigene69846_All	2.2		1.937	*	0.804		阿魏酸 5-羟化酶，部分	F5H
unigene68152_All	0.608	*	0.776		1.289	*	富马酸酯酶	3.7.1.2
CL6157.contig1_All	0.729	*	1.289	*	1.887	*	谷胱甘肽 S-转移酶 zeta 类异构体 1	5.2.1.2
CL10684.contig1_All	1.081		1.355		1.471	*	溶酶体 β-葡萄糖苷酶	3.2.1.21
unigene49180_All	1.478	*	2.191	*	1.463		巨噬细胞迁移抑制因子同源物	5.3.2.1
CL11205.contig3_All	0.503		0.906		2.049	*	过氧化物酶	1.11.1.7
CL11205.contig4_All	1.1	*	1.225		1.112		过氧化物酶	1.11.1.7
CL5739.contig1_All	0.718	*	0.583		1.058		过氧化物酶	1.11.1.7
unigene55713_All	0.233	*	0.589	*	2.471	*	过氧化物酶 12	1.11.1.7
unigene53149_All	0.313	*	1.069		3.333	*	过氧化物酶 17	1.11.1.7
CL3804.contig1_All	0.305	*	0.7	*	2.42		过氧化物酶 4	1.11.1.7
CL3804.contig3_All	0.364	*	0.818	*	2.165	*	过氧化物酶 4	1.11.1.7
CL8374.contig1_All	2.585	*	1.607	*	0.602		苯丙氨酸解氨酶	4.3.1.24
unigene56325_All	1.82		0.703	*	0.473	*	苯丙氨酸解氨酶	4.3.1.24
CL8374.contig3_All	0.964		0.743	*	0.668	*	苯丙氨酸解氨酶 1	4.3.1.24
CL10589.contig2_All	1.336		0.546	*	0.507	*	磷酸-2-脱氢-3-脱氧庚酸醛缩酶 2	2.5.1.54
CL2533.contig1_All	0.605	*	0.818	*	1.301		多酚氧化酶	1.10.3.1
unigene1959_All	1.514	*	1.26	*	0.94		预测的 β-D-木糖苷酶 2	3.2.1.21
CL15272.contig1_All	1.101		0.877	*	0.825		预测的 β-D-木糖苷酶 6	3.2.1.21
CL1619.contig1_All	0.941		1.087		1.148	*	预测的 β-葡萄糖苷酶	3.2.1.21

续表

蛋白号	O-vs-T	Sig	N-vs-T	Sig	N-vs-O	Sig	蛋白质功能	酶编号
unigene19924_All	0.491	*	1.073		2.17	*	预测的肉桂醇脱氢酶 1	1.1.1.195
unigene78231_All	1.404		1.363	*	1.068		预测的甘露醇脱氢酶	1.1.1.195
CL11851.contig3_All	0.61	*	1.086		1.448	*	预测的 S-(羟甲基)谷胱甘肽脱氢酶 1	1.1.1.1
CL10197.contig1_All	0.335	*	0.939		2.104		假定乙醇脱氢酶	1.1.1.1
unigene76370_All	0.888	*	0.992		1.083		假定苯丙氨酸解氨酶	2.6.1.1
unigene73030_All	0.734	*	0.581	*	0.838	*	琥珀酸-半醛脱氢酶（乙酰化）	1.1.1.1
CL7928.contig1_All	0.582	*	0.656		1.188		琥珀酸半醛脱氢酶	1.2.1.16

表 4-13　TCA 循环相关蛋白

蛋白号	O-vs-T	Sig	N-vs-T	Sig	N-vs-O	Sig	蛋白质功能	酶编号
unigene50231_All	0.676	*	0.793	*	1.28	*	2-酮戊二酸脱氢酶	1.2.4.2
unigene54279_All	0.435		0.73	*	1.726		2-酮戊二酸脱氢酶	1.2.4.2
CL168.contig8_All	0.895	*	0.83		1.018		乌头酸酶	4.2.1.3
CL168.contig9_All	0.752	*	0.783	*	1.017		乌头酸酶	4.2.1.3
unigene51153_All	0.544	*	0.659	*	1.202		乌头酸水合酶，细胞质	4.2.1.3
CL541.contig1_All	1.216		1.965		1.521	*	ATP-柠檬酸合酶	2.3.3.8
unigene18729_All	1.045		1.255	*	0.98		假定 ATP-柠檬酸合酶	2.3.3.8
unigene31645_All	0.641	*	0.785	*	1.237		假定 ATP-柠檬酸合酶	2.3.3.8
unigene54324_All	0.876	*	1.083		1.237		柠檬酸合酶	2.3.3.1
unigene2549_All	1.021		0.819	*	0.911		二氢硫辛酰脱氢酶	1.8.1.4
CL4876.contig5_All	0.851	*	0.776	*	0.886	*	2-氧代戊二酸脱氢酶复合物的二氢硫辛酰赖氨酸残基琥珀酰转移酶组分	2.3.1.61
unigene62503_All	0.481	*	0.713	*	1.438	*	2-氧代戊二酸脱氢酶复合物的二氢硫辛酰赖氨酸残基琥珀酰转移酶组分	2.3.1.61
unigene76789_All	0.873	*	1.048		1.193	*	富马酸水合酶 2	4.2.1.2
CL2218.contig1_All	0.945		1.052		1.131	*	苹果酸脱氢酶	1.1.1.37
CL5161.contig1_All	0.778	*	0.246	*	0.197	*	苹果酸脱氢酶	1.1.1.37
CL4107.contig2_All	1.664	*	2.198	*	1.243		磷酸烯醇丙酮酸羧激酶	4.1.1.49
unigene75967_All	1.658	*	1.939	*	0.982		磷酸烯醇丙酮酸羧激酶	4.1.1.49
unigene60383_All	0.939		0.922		0.869	*	二氢硫酰赖氨酸残基乙酰转移酶	2.3.1.12
unigene61829_All	1.055		0.98		0.895	*	丙酮酸脱氢酶 E1 组分 α 亚基	1.2.4.1
CL11196.contig1_All	0.815	*	0.739	*	0.895		丙酮酸脱氢酶 E1 组分 β 亚基	1.2.4.1
unigene20351_All	1.025		1.431	*	1.419		丙酮酸脱氢酶 E1 组分 β 亚基	1.2.4.1
unigene50140_All	0.65	*	0.789		1.154		琥珀酸脱氢酶	1.3.5.1
unigene56745_All	0.946	*	0.911		0.943		琥珀酰辅酶 A 连接酶	6.2.1.4
unigene55218_All	0.924		1.4		1.427	*	琥珀酰辅酶 A 连接酶 α 亚基	6.2.1.4

4.4.7 多糖代谢途径和纤维素合成途径相关蛋白分析

植物次生壁主要由多糖网络构成，其主要多糖组成为次生壁的半纤维素和纤维素（宋东亮等，2008）。纤维素是由纤维素合酶催化合成的次生壁中的最重要的多糖组分。Ranik 和 Myburg（2006）的研究表明，在 TW 中纤维素合酶基因的转录水平比 OW 中高。本研究中，尽管 TW 的切片染色结果显示其纤维素含量要高于 OW 和 NW（图 4-11），但是鉴定到的纤维素合酶蛋白的表达水平与 OW 或 NW相比，在 TW 中是下调表达（表 4-11）。研究表明，高等植物的纤维合成是一个复杂的生物学过程，需要一个复杂的酶系复合体——玫瑰花环结构（Hanus and Mazeau，2006）。在纤维素合成机制中，存在着不同的纤维素合酶复合体，而且植物中存在着多种纤维素合酶异构体，不同的纤维素合酶在细胞壁合成过程中行使着不同的功能。在各种环境条件下生长的多年生树木的木材形成过程中，至少有两种类型的纤维素生物合成机制起作用（Lu et al.，2008）。有研究表明，在高等植物中，表达模式截然相反的纤维素合酶，协同调节初生细胞壁和次生壁的生物合成（Andersson-Gunnerås et al.，2006）。本研究鉴定到在应拉木中下调表达的纤维素合酶蛋白，可能进一步说明，在应拉木形成中不同纤维素合酶异构体的存在。

纤维素的生物合成包括几个部分。首先，葡糖激酶又名己糖激酶[glucokinase（hexokinase）]利用水溶性 α-D-葡萄糖合成 α-D-葡萄糖-6-磷酸，α-D-葡萄糖-6-磷酸由磷酸葡萄糖变位酶（phosphoglucomutase，PGM，EC5.4.2.2）转换为 α-D-葡萄糖-1-磷酸。之后，UDP-葡萄糖焦磷酸化酶（UDP-glucose pyrophosphorylase，UGPase）使 α-D-葡萄糖-1-磷酸脱去一个磷酸酯，合成 UDP-葡萄糖。UDP-葡萄糖可溶于细胞质中并且是产生微晶纤维素的前体（Kimura et al.，1999）。果糖也可被磷酸化，由果糖激酶（fructokinase）合成 α-D-葡萄糖-6-磷酸。已有研究表明，多糖合成代谢过程中的各种酶类，在纤维素和半纤维素合成代谢过程中起着重要作用，一些酶的表达能够调控纤维素的合成。果糖激酶是杨树木材形成过程中，碳流转向纤维素合成所必需的（Roach et al.，2012）。己糖激酶（EC2.7.1.1）和果糖激酶（EC2.7.1.4）能够催化必要的不可逆转的葡萄糖磷酸化作用，并且果糖是大部分代谢途径的原料及植物体中的有机物质（Granot et al.，2013），但是对其在林木的木质部发育上的研究却很少。本研究鉴定出两个果糖激酶蛋白和一个己糖激酶蛋白（表 4-11），并且与 OW 或 NW 相比，三个果糖激酶蛋白在 TW 中是上调表达。在杨树的基因表达研究中也发现在 TW 中它们的转录丰度显著增加。这说明果糖激酶蛋白在 TW 形成过程中起作用，并且促进了纤维素的合成。己糖激酶蛋白的表达在 TW 和 OW 中没有发生变化，但是与 NW 相比，它在 OW 和 TW中是下调表达，这表明本研究中己糖激酶蛋白响应人工弯曲刺激。PGM 是细胞外的纤维素合成所必需的（郜付菊和李学宝，2004）。本研究中，与 OW 或 NW 相比，PGM 蛋白在 TW 中是上调表达的，这说明 PGM 蛋白在 TW 形成过程中起促进作用，增加了纤维素的含量。然而，本研究鉴定出的 UGPase 蛋白的表达没有明显的变化。葡萄糖-6-磷酸异构酶（glucose-6-phosphate isomerase），也可以叫作 phosphoglucose isomerase（PGI，EC5.3.1.9），是一个在糖酵解的第二步中催化葡萄糖-6-磷酸转变为果糖-6-磷酸的酶。PGI 与淀粉降解和蔗糖合成有关（Cordenunsi et al.，2001）。与 OW 或 NW 相比，PGI 蛋白在 TW 中上调表达，这说明 PGI 蛋白在葡萄糖-6-磷酸转化为果糖-6-磷酸的过程中起催化作用，同时促进了白桦 TW 形成过程中纤维素的合成。

半纤维素包括木葡聚糖、木聚糖、甘露聚糖、葡甘露聚糖和 β-1,3-1,4-葡聚糖酶（王亚伟，2012）。双子叶植物的木质生物质的主要多糖是纤维素和木聚糖。本研究没有鉴定到直接影响木聚糖生物合成的差异表达蛋白，但是鉴定到一个GDP-D-甘露糖焦磷酸化酶蛋白，在本研究中它在白桦 TW 中比在 OW 或 NW 的表达水平降低（表 4-11）。这个酶可以提供 GDP-甘露糖，用于细胞壁碳水化合物的生物合成和蛋白质的糖基化反应。这个蛋白质的下调表达意味着甘露糖的积累受到抑制，并且与应拉木半纤维素含量下降的表现相符（周亮等，2012）。这个抑制机制可能是因为用于甘露糖合成的更多基质，如果糖、甘露糖-1-磷酸，在 TW 发育过程中被用于纤维素合成。

许多与纤维素合成和多糖代谢相关的蛋白质在人工弯曲处理时表达都发生了变化（表 4-11）。在 TW 中发现了许多纤维素合成相关蛋白，同时在 TW 中纤维素含量得到积累，均清晰地说明了纤维素的生物合成在 TW 中是高度活跃的。因此，保持高水平的纤维素合成对 TW 的形成很重要。与多糖代谢相关的蛋白质在TW 的形成中大部分是上调表达，说明多糖的生物合成在此过程中得到促进。特别是蔗糖、果糖、α-D-葡萄糖的积累，有助于纤维素的合成（Martin and Haigler，2004）。尽管对这些蛋白质中的一些已经进行了研究，但是在树木木质部和次生壁发育方面的研究还很少，它们在进一步的研究中有着重要意义。

4.4.8　苯丙氨酸和酪氨酸代谢相关蛋白与苯丙素和木质素生物合成分析

切片观察结果显示，TW 的组织木质化程度低于 NW 或 OW（图 4-11），说明在人工弯曲处理期间 TW 中木质素生物合成途径受到抑制。苯丙氨酸生物合成途径作用于木质素的生物合成，作为通道使碳流从糖代谢到达（通过 β-D-果糖-6-磷酸）苯丙氨酸的生物合成，苯丙氨酸经由苯丙烷代谢途径和木质素单体生物合成途径转换为木质素单体。但是在本研究中，苯丙烷代谢途径中的大部分蛋白质在应拉木中是上调表达的，这有别于在杨树中的基因表达研究，苯丙烷代谢途径中的酶基因下调表达（薛英喜，2012）。而苯丙烷代谢途径上游的莽草酸代谢途径蛋白质下调表达，笔者推测这是一种反馈补偿机制。另外在本研究中白桦 TW 形成过程中酪氨酸代谢得到了促进，推测苯丙烷代谢途径下游酪氨酸的合成和代谢与苯丙氨酸争夺合成底物，使得流向木质素合成的底物减少。进一步分析显示，相对于 OW 或 NW，在 TW 中有 7 个关键的调节苯丙素生物合成和木质素单体生物合成的酶蛋白是下调表达的（表 4-12）。PAL 是苯基丙酸类合成途径中的第一个酶，相对于 OW 或 NW，有 2 个 PAL 蛋白在 TW 中表达水平降低。4CL 是苯基丙酸类合成途径的关键酶，在本研究中，相对于白桦 OW 或 NW 在 TW 中是下调表达的。另外，与 OW 或 NW 相比，C4H、F5H 和 CCR 蛋白在 TW 中的表达是高度下调的。差异蛋白分析表明，苯丙素合成和木质素单体生物合成相关的蛋白质抑制表达，从而使木质素的合成受到抑制。而且，在 TW 形成过程中蛋白质丰度的减少也表明了木质化作用中相对应的蛋白质的功能。POD 蛋白是木质素单体聚合和修饰的相关蛋白，在 TW 中的 6 个 POD 蛋白的表达水平与在 NW 或 OW 中相比是上调的，这可能意味着这些 POD 蛋白不是与木质素合成相关蛋白质家族中的成员。分析结果表明，木质素的水平与上游基因表达的变化未必是相关的，在烟草转基因株系中也得到了同样的结果（Adler et al.，2012）。因此，可以说明细胞壁生物合成调控发在多个水平上，不仅仅是在转录或者翻译水平上。

4.4.9　柠檬酸循环相关蛋白分析

柠檬酸循环也被称为三羧酸循环（TCA 循环），是一系列化学反应，耗氧微生物通过 TCA 循环产生能量，使来源于碳水化合物、脂肪和蛋白质的醋酸纤维氧化成二氧化碳，化学能以三磷酸腺苷（ATP）的形式来释放（Lowenstein，1969；Krebs et al.，1987）。另外，TCA 循环能够提供某些氨基酸前体，也能减少用于许多其他的生物化学反应的还原剂 NADH。TCA 循环在许多生化途径的核心价值表明它是最早被确定为细胞新陈代谢的组成之一，可能是自然发生的（Wagner，2014；Lane，2010）。TCA 循环可以通过影响次生壁产物催化调控西红柿根的生长。TCA 循环相关酶类反义抑制表达转基因株系表现为纤维素的大量减少（Rohrmann et al.，2011）。在本研究中，TCA 循环中相关的酶蛋白与 OW 或 NW 相比，在 TW 中上调表达（表 4-13）。研究结果表明，细胞壁的能量运输和修饰在 TW 发育的过程中得到促进，并伴随着白桦 TW 纤维素含量增加。

4.4.10　小结

本研究对四年生白桦进行了人工模拟重力处理，处理 4 周时分别截取 TW、OW 和 NW 的分生木质部，利用木材切片与番红-固绿对染技术对各组分生长表型进行研究，结果发现，与 OW 和 NW 相比，TW 的纤维素沉积较明显，木质化程度较低，导管数量变少，管腔变小，具有明显的应拉木特征。于 TW、OW 和 NW 的分生木质部取材，利用酚提取法提取了白桦 TW、OW 和 NW 三个材料的可溶性蛋白，利用 iTRAQ 技术进行比较蛋白质组学研究。共鉴定出 1104 个显著差异表达的蛋白质，其中，OW 和 TW 之间差异蛋白为 639 个，281 个上调表达、358 个下调表达；NW 和 TW 之间差异蛋白为 460 个，237 个上调表达、223 个下调表达；NW 和 OW 之间差异蛋白为 481 个，291 个上调表达、190 个下调表达。在 TW、OW、NW 三种材料组织中均差异表达的蛋白质有 173 个。与 OW 或 NW 相比，木质素合成相关的蛋白质在 TW 中大部分是下调表达的，包括 7 个关键的调节苯丙素生物合成和木质素单体生物合成的酶蛋白，差异蛋白分析表明苯丙素合成和木质素单体生物合成相关的蛋白质抑制表达，从而使木质素的合成受到抑制。而且，在 TW 形成过程中蛋白质丰度的减少也表明了木质化作用中相对应的蛋白质的功能。同时，与多糖代谢相关的蛋白质在 TW 的形成中大部分是上调表达，说明多糖的生物合成在此过程中得到促进。特别是蔗糖、果糖、α-D-葡萄糖的积累，能够有助于纤维素的合成。在本研究中，TCA 循环中相关的酶蛋白与 OW 或 NW 相比，在 TW 中是上调表达。研究结果表明，细胞壁的能量运输和修饰在 TW 发育的过程中得到促进，并伴随着白桦 TW 纤维素含量增加。

4.5 白桦木质部响应人工弯曲处理和重力刺激的代谢组学分析

4.5.1 材料与方法

1. 材料处理与采集

本研究选取四年生健康白桦，在 5～6 月木质部快速形成时期，对白桦树干进行人工弯曲处理，使其与水平面保持 45°，弯曲处理 6 周后，去除树皮，取弯曲木上方（应拉木，TW）和下方（对应木，OW）的木质部薄层组织，同时选取四年生正常直立木木质部薄层组织（直立木，NW），每个样品选取 3 株白桦木质部材料混合，6 个生物学重复。所有材料迅速用液氮处理，−80℃超低温冰箱保存备用。

2. 试验方法

1）代谢物的提取

（1）向 2mL 离心管中加入−20℃处理过的无水乙醇 600μL。

（2）分别取鲜重为 100mg 的应拉木、对应木和直立木的木质部材料，使用液氮处理，充分研磨材料。

（3）将研细的材料放入上述离心管中，涡旋 10s，加入 0.2mg/mL 的核糖醇 60μL，涡旋 10s。

（4）在试管中加入 2 粒钢珠，用液氮处理使其迅速冷冻，使用 Tissue Lyser II 均质机在 70Hz 条件下均质 5min。

（5）11 000g 离心 10min，将上清液（500μL）转移到真空浓缩器中干燥。

（6）干燥后，加入 80μL 15mg/μL 的甲氧基吡啶溶液，涡旋 30s，37℃条件下保温 2h，使其充分反应。

（7）加入 80μL 含有 1%三甲基氯硅烷（TMCS）的硅烷化试剂（BSTFA），将混合物置于 70℃条件下反应 1h。

2）代谢物的检测

经上述反应后，使用 Agilent 7890 气相色谱系统分析仪结合 Pegasus 4D 气相色谱/飞行时间质谱（GC/TOFMS）分析，GC/TOFMS 条件如下。

气相毛细管色谱柱：DB-5MS（涂有 5%与 95% 聚二甲基硅氧烷结合的二苯基）；进样模式：不分流；载气：氦气，入口流速 15mL/min，柱内流速 1mL/min；进样量：1μL；升温程序：−80℃保持 0.2min，以 10℃/min 的速度将温度升至 190℃，再以 3℃/min 的速度升至 220℃，最后以 20℃/min 的速度升至 280℃，保持 16.8min；进样口温度：280℃；输入线温度：270℃；离子源温度：220℃；电离能量：70eV；质谱数据采集范围：质量数 20～600；采集频率：每秒 10 个谱图。

3）分析方法

以 L-2-氯苯丙氨酸作为批量质量控制的对照峰内标（IS），利用 L-2-氯苯丙氨酸对样品制备和数据处理过程中的变异性过程进行分析。通过 Chroma TOF 数据处理软件结合 LECO-Fiehn Rtx5 数据库和美国国家标准技术研究院（NIST）的光谱数据库对代谢物进行鉴定。从 GC/TOFMS 分析获得的数据，通过 Chroma TOF 软件以.CSV 的格式导出。甲硅烷基化过程中，杂音、柱流失及副产物所产生的峰被人工去除。将所得数据标准化到 IS 范围内，均值中心化，然后通过自动规格化处理做进一步的统计分析。使用 SIMCA-P+11.0 软件包进行主成分分析（PCA），通过偏最小二乘法（PLS）和正交偏最小二乘法（OPLS）分析，得知试验数据和代谢信息的关联性，从而获得代谢信息。

4.5.2　白桦木质部响应重力信号和人工弯曲刺激的代谢物鉴定

本研究为了从代谢水平探讨白桦 TW 的形成机制，测定了 TW、OW 和 NW

组织的代谢物。结果显示 3 个样品组保留时间（retention time，RT）可重复且稳定，表明代谢组学分析的可靠性（表 4-14）。共鉴定了 183 种代谢物，并测定了它们的浓度。3 个样品中某些代谢物的含量均高于其他代谢物，如葡萄糖 2（glucose 2）、苹果酸（L-malic acid）、乙醇胺（ethanolamine）、苏氨酸（threonine）、焦谷氨酸（5-oxoproline）、4-氨基丁酸（4-aminobutyric acid）和乳糖酸（lactobionic acid）等，它们的含量在三种组织中也是不同的（表 4-14，图 4-21）。这些代谢物含量较高，说明它们可能在木质部发育中起重要作用。

表 4-14 不同组织中含量排在前 10 位的代谢物

RT（s）	代谢物	相对含量（NW）	RT（s）	代谢物	相对含量（OW）	RT（s）	代谢物	相对含量（TW）
20.1654	葡萄糖 2	5020.92110	20.1654	葡萄糖 2	9314.5496	20.1654	葡萄糖 2	6869.2539
13.3327	苹果酸	664.732	14.2641	苏氨酸	1173.132	14.0999	4-氨基丁酸	1012.181
10.494	磷酸盐	637.1568	13.3327	苹果酸	1112.016	10.5093	乙醇胺	601.9354
29.1854	异丙基-β-D-硫代半乳糖苷	603.3503	26.1339	乳糖酸	518.1384	26.1339	乳糖酸	518.7005
10.5093	乙醇胺	580.8495	14.0999	4-氨基丁酸	482.818	14.0543	焦谷氨酸	455.243
14.2641	苏氨酸	408.3579	10.5093	乙醇胺	455.4654	34.5937	半乳糖醇 1	417.118
14.0543	焦谷氨酸	399.0452	29.1854	异丙基-β-D-硫代半乳糖苷	403.3533	13.3327	苹果酸	354.7091
14.0999	4-氨基丁酸	361.931	14.0543	焦谷氨酸	329.9064	14.2641	苏氨酸	353.2065
26.1339	乳糖酸	360.4487	10.494	磷酸盐	299.6755	8.58041	肌氨酸	310.7912
26.8392	硫代乙酰胺 1	332.7942	10.427	甘油	287.1195	18.3135	黏酸	236.3835

注：RT 是指从进样开始到某一组分浓度达到最大值所需的时间，简单来说就是该物质的实际出峰时间

4.5.3 白桦木质部响应重力信号和人工弯曲刺激的差异代谢物分析

根据主成分分析（PCA）法和偏最小二乘判别分析法（PLS-DA）的分析（图 4-22），在三个样品中检测到明显的分离。通过第一主成分（t[1]），白桦 TW、OW 和 NW 样品被明显分开，样品间的变化比率为 25.6%，第二主成分（t[2]）区别三种样品的变化率为 18.8%。代谢物在 TW、OW 和 NW 之间存在显著差异。利用 PLS-DA 模型中 PC1 的 VIP（预测中的可变重要性）值（>1），结合 P 值（<0.05），确定了 TW、OW 和 NW 之间水平发生显著变化的代谢物。三个样品中总共有 142 种代谢物产量发生了变化。TW 与 OW 之间有 85 种代谢物发生显著变化（$P<0.05$），其中 62 种代谢物含量增加，23 种代谢物含量减少。与 NW 相比，TW 共有 99 种代谢物含量发生变化，TW 中代谢物含量增加的有 62 种，减少的有 37 种。与 NW 相比，OW 中有 38 种代谢物上调，52 种代谢物下调。在 OW 和 NW 之间有 90 种代谢物存在显著差异（表 4-15）。

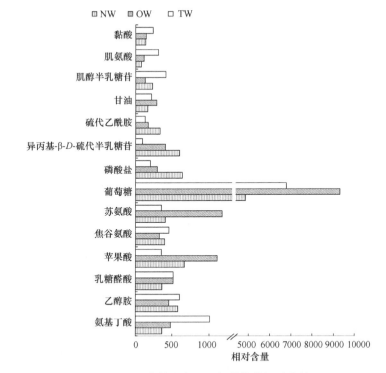

图 4-21　三个样品中不同代谢物的相对含量

相对含量是指数据归一化后代谢物的峰面积值

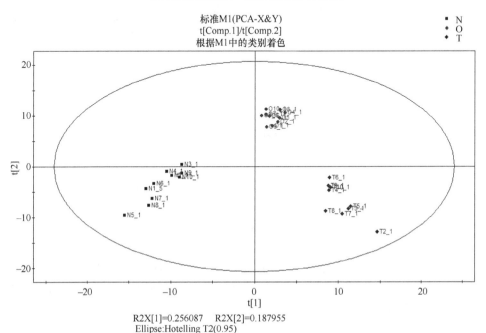

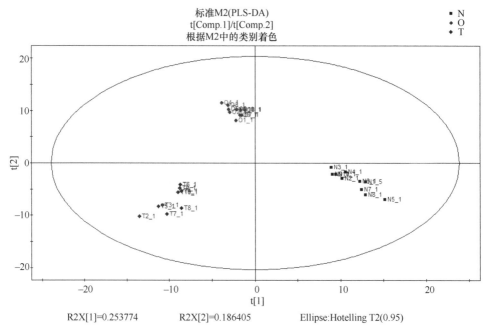

图 4-22　白桦 TW、OW 和 NW（10 个生物学重复）代谢谱的主成分分析（PCA）
（彩图请扫封底二维码）

t[1]. 第一主成分；t[2]. 第二主成分。R2X：解释比率

表 4-15　差异代谢物的分布规律

变化趋势	差异代谢物数量		
	TW/OW	TW/NW	OW/NW
总计	85	99	90
上调	62	62	38
下调	23	37	52

注：后一个样本为对照

　　TW 与 OW 相比，柠檬酸途径中的柠檬酸、芳香族化合物降解途径中的代谢物顺-1,2-二氢萘-1,2-二醇（*cis*-1,2-dihydronaphthalene-1,2-diol）变化差异最大；TW 与 NW 相比，变化主要来自糖酵解途径中的熊果苷，参与芳香族化合物降解途径的代谢物顺-1,2-二氢萘-1,2-二醇；亚油酸代谢途径中的亚油酸（linoleic acid）是 OW 和 NW 之间 PC1 的主要代谢物（表 4-16）。这些代谢物的变化，有助于区分样品之间的差异，可能在木质部对重力信号和机械弯曲刺激的反应中起作用。

表 4-16 三种样品中差异代谢物代谢途径富集分析

	RT（s）	代谢物	PubChem 数据库	KEGG	KEGG 代谢通路	VIP 值
TW/OW	18.468 5	柠檬酸	311	C00158	TCA 循环	1.798 07
	13.393	顺-1,2-二氢萘-1,2-二醇		C04314	芳香族化合物的降解	1.788 26
	24.615 5	亚油酸	3 931	C01595	亚油酸代谢	1.776 08
	24.694 3	亚油酸	860	C06427	α-亚麻酸代谢	1.754 96
	25.873 4	N-甲基-L-谷氨酸 3		C01046	甲烷代谢	1.754 03
	27.284 1	分析物 368				1.74
	23.74	十五烷酸	13 849			1.74
	20.548 3	十七烷酸甲酯				1.728 74
	22.368 8	棕榈酸	985	C00249	脂肪酸生物合成	1.72
	27.031 5	硬脂酸	5 281	C01530	脂肪酸生物合成	1.72
TW/NW	28.307 5	熊果苷		C06186	糖酵解/糖异生	1.658 16
	13.393	顺-1,2-二氢萘-1,2-二醇		C04314	芳香族化合物的降解	1.650 02
	19.951 4	十六烷	10 459	C08260		1.629 56
	11.416 8	尿嘧啶	1 174	C00106	嘧啶代谢	1.614 31
	28.547 2	1-单棕榈素				1.590 9
	8.580 41	肌氨酸	1 088	C00213	精氨酸和脯氨酸代谢	1.588 45
	9.854 3	缬氨酸	1 182	C00183	缬氨酸、亮氨酸和异亮氨酸生物合成	1.579 43
	20.782 7	葡萄糖酸内酯 2	7 027	C00198	戊糖磷酸途径	1.577 9
	9.248 69	丁氨酸 3	12 025	C11118	精氨酸和脯氨酸代谢	1.560 24
	19.629	葡萄糖酸内酯 1	7 027	C00198	戊糖磷酸途径	1.544 58
OW/NW	24.615 5	亚油酸	3 931	C01595	亚油酸代谢	1.705 65
	20.033 7	2-酮基-L-古洛糖酸	440 390			1.692 95
	24.694 3	亚油酸	860	C06427	α 亚油酸代谢	1.692 8
	27.284 1	分析物 368				1.669 15
	15.217 3	二氢香芹酚				1.665 57
	22.368 8	棕榈酸	985	C00249	脂肪酸代谢	1.661 89
	24.457 9	胸苷 5′-单磷酸酸盐 1	9 700	C00364	嘧啶代谢	1.659 26
	23.74	十五烷酸	13 849			1.637 17
	10.815	1,5-脱水葡萄糖醇	64 960	C07326		1.634 27
	10.648 8	2-脱氧赤藓糖醇				1.627 35

4.5.4 白桦木质部响应人工弯曲刺激的代谢谱分析

本研究总结了三种组织中的差异代谢物（表 4-17），并绘制了代谢物含量变化的热图，用以清晰显示不同代谢途径中代谢物在 TW、OW 和 NW 中的相对变化（图 4-23）。

表 4-17 不同代谢途径中代谢产物在 TW、OW 和 NW 中的相对变化

代谢途径及代谢物	相对含量(NW)	相对含量(OW)	相对含量(TW)	VIP值(TW/OW)	P值	FC(TW/OW)	Log₂(TW/OW)	VIP值(TW/NW)	P值	FC(TW/NW)	log₂(TW/NW)	VIP值(OW/NW)	P值	FC(OW/NW)	log₂(OW/NW)
柠檬酸循环															
苹果酸	664.732	1 112.016	354.709 1	1.719 65	8.33E-09	0.318 979	-0.606 62	1.480 47	2.22E-06	0.533 612	-1.103 59	1.483 51	8.33E-06	1.672 878	1.347 106
富马酸	15.743 63	18.703 47	29.090 76	1.201 19	0.004 424	1.555 367	1.569 23	1.323 88	0.000 56	1.847 78	1.128 932	N	N	N	0
柠檬酸	11.374 89	17.446 13	3.168 419	1.798 07	1.69E-13	0.181 612	-0.406 33	1.285 95	0.000 455	0.278 545	-0.542 29	1.102 55	0.004 72	1.533 74	1.620 604
异柠檬酸 2	12.575 04	4.152 454	4.983 046	N	N	N	0	1.127 32	0.002 005	0.396 265	-0.748 8	1.283 61	0.000 856	0.330 214	-0.625 58
马来酸	4.960 352	11.065 35	6.367 362	1.40	0.000 119	0.575 433	-1.254 26	N	N	N	0	1.356 12	4.14E-05	2.230 758	0.863 905
氨基酸代谢															
天冬氨酸 1	57.561 93	107.662 3	129.835 8	N	N	N	0	1.511 95	4.17E-06	2.255 584	0.852 151	1.576 83	1.56E-08	1.870 374	1.107 019
天冬氨酸 2	3.153 632	4.678 569	6.914 781	N	N	N	0	1.525 79	2.74E-07	2.192 641	0.882 87	N	N	N	0
异亮氨酸	32.542 55	30.393 71	84.135 4	1.64	9.19E-06	2.768 185	0.680 763	1.519 26	2.82E-05	2.585 397	0.729 721	N	N	N	0
去甲亮氨酸 2	3.067 261	1.997 932	5.760 037	1.402 15	0.000 219	2.882 999	0.654 634	1.145 81	0.004 669	1.877 909	1.099 956	N	N	N	0
脂氨酸	1.036 378	4.221 604	6.495 746	N	N	N	0	N	N	N	0	1.013 06	0.006 378	4.073 42	0.493 525
丝氨酸 1	32.485 61	35.877 81	75.879 02	1.55	0.000 102	2.114 929	0.925 404	1.448 08	3.23E-05	2.335 774	0.817 06	N	N	N	0
酪氨酸 1	32.530 49	24.107 28	56.690 7	1.566 97	3.39E-05	2.351 601	0.810 607	1.212 03	0.000 969	1.742 694	1.247 942	N	N	N	0
缬氨酸	35.561 36	36.198 3	118.663 9	1.707 07	2.83E-06	3.278 163	0.583 809	1.579 43	3.20E-06	3.336 878	0.575 209	N	N	N	0
糖酵解															
熊果苷	0.017 975	0.816 007	2.020 4	1.225 96	0.002 378	2.475 961	0.764 533	1.658 16	2.74E-08	112.401	0.146 789	1.079 34	0.007 65	45.396 91	0.181 669
木杨苷	1.681 587	0.183 248	0.010 116	N	N	N	0	1.402 03	0.000 114	0.006 015	-0.135 55	1.282 75	0.000 214	0.108 973	-0.312 7
葡萄糖-1-磷酸	24.157 91	6.715 845	16.522 92	1.039 26	0.024 68	2.460 29	0.242 408	N	N	N	0	N	N	N	0
果糖和甘露糖代谢															
山梨醇	0.201 988	2.247 416	2.927 416	N	N	N	0	1.281 01	7.47E-04	14.493 04	0.259 249	1.477 06	1.33E-06	11.126 22	0.287 696
甘露糖 1	2.276 04	37.054 62	25.100 41	N	N	N	0	1.476 96	1.67E-06	11.028 11	0.288 757	1.247 72	0.001 035	16.280 3	0.248 444
果糖 1	3.296 813	0.129 568	2.261 167	1.661 78	3.53E-07	17.451 54	0.242 408	N	N	N	0	1.090 07	0.006 633	0.039 301	-0.214 17

续表

代谢途径及代谢物	相对含量(NW)	相对含量(OW)	相对含量(TW)	VIP值(TW/OW)	P值	FC(TW/OW)	Log2(TW/OW)	VIP值(TW/NW)	P值	FC(TW/NW)	log2(TW/NW)	VIP值(OW/NW)	P值	FC(OW/NW)	log2(OW/NW)
果糖和甘露糖代谢															
岩藻糖 1	1.729 295	5.580 496	10.055 38	N	N	N	0	1.020 76	0.015 125	5.814 729	0.393 745	1.313 95	0.000 326	3.227 035	0.591 643
岩藻糖 2	2.243 383	3.975 621	7.370 288	1.021	0.023 985	1.853 871	1.122 913	1.256 32	0.002 185	3.285 345	0.582 735	1.182 95	0.001 624	1.772 154	1.211 381
淀粉和蔗糖代谢															
葡萄糖 2	4 315.896	152.188	2.419 958	N	N	N	0	1.416 01	8.94E-05	0.000 561	-0.092 6	1.427 28	9.06E-05	0.035 262	-0.207 22
葡萄糖醛酸 2	1.445 326	4.857 366	30.180 22	1.472 91	0.000 395	6.213 289	0.379 455	1.429 32	0.000 166	20.881 25	0.228 095	N	N	N	0
半乳糖代谢															
半乳糖苷 1	234.708 9	129.937 3	417.118	1.64	1.69E-05	3.210 147	0.594 304	1.307 96	1.07E-03	1.777 171	1.205 426	1.551 92	1.56E-07	0.553 611	-1.172 26
半乳糖苷 3	0.725 772	0.272 925	1.967 361	1.639 67	2.89E-07	7.208 435	0.350 916	1.295 34	0.000 191	2.710 716	0.695 085	N	N	N	0
半乳糖 2	8.063 608	2.931 335	4.491 522	N	N	N	0	N	N	N	0	1.087 32	0.004 593	0.363 526	-0.684 99
戊糖和葡萄糖醛酸相互转化															
木糖醇	15.661 67	10.334 45	9.820 991	N	N	N	0	1.377 45	2.42E-05	0.627 072	-1.485 23	1.309 76	0.000 147	0.659 857	-1.667 29
核糖醇	2.984 962	4.383 405	1.193 426	1.008 91	0.014 757	0.272 26	-0.532 78	N	N	N	0	N	N	N	0
苯丙氨酸、酪氨酸和色氨酸生物合成															
莽草酸	36.055 41	28.202 39	13.068 26	1.456 82	0.000 174	0.463 374	-0.901 1	N	N	N	0	N	N	N	0
苯丙氨酸 1	9.611 323	8.914 267	19.233 76	1.63	1.00E-05	2.157 637	0.901 346	1.432 82	1.44E-05	2.001 156	0.999 167	N	N	N	0
苯丙烷生物合成															
松柏醇	1.352 264	1.007 827	0.440 554	1.39	0.000 352	0.437 132	-0.837 62	1.455 11	5.12E-06	0.325 79	-0.618 05	N	N	N	0

注：FC是直接的倍数，log2是转化后的数值。N 表示无检测值

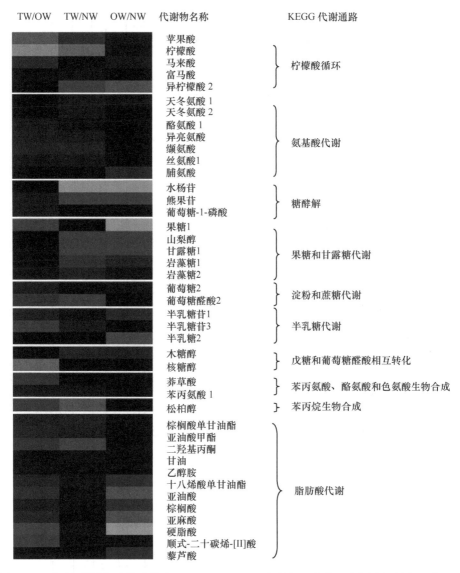

图 4-23　不同代谢途径中代谢物在 TW、OW 和 NW 中的相对变化（彩图请扫封底二维码）

倍数比率 1 以黑色显示，正（诱导）或负（抑制）比率分别以红色或绿色显示，并且随着强度增加

　　参与柠檬酸循环的代谢物苹果酸、柠檬酸和马来酸在 TW 中相对于 OW 或 NW 中减少，而在 OW 中相对于 NW 中增加（表 4-17，图 4-23）。蛋白质组分析中显示了柠檬酸合酶蛋白在 TW 中表达的下调（表 4-13），这可能与 TW 中柠檬酸的减少相关。在柠檬酸循环中异柠檬酸（isocitric acid）在 TW 和 OW 中含量较 NW 中高。富马酸（fumaric acid）在 TW 中相对于 OW 和 NW 中含量增加，而在蛋白质组分析中，富马酸水合酶蛋白在 TW 中表达下

调（表 4-13），富马酸水合酶是一种在线粒体柠檬酸循环中起作用的酶，催化富马酸转化为苹果酸的可逆水合/脱水反应（Vanharanta and Launonen，2008），说明富马酸的转化反应受抑制，维持了富马酸的含量，这种蛋白质和代谢物的相关变化暗示了这些代谢物也参与其他途径，这种变化可能解释了 TW 形成中复杂的代谢程序。

与脂肪酸（fatty acid）代谢有关的一些代谢物，与 OW 或 NW 相比，在 TW 中大量富集（表 4-17，图 4-23），包括棕榈酸单甘油酯（1-monopalmitin）、亚油酸甲酯(linoleic acid methyl ester)、二羟基丙酮（dihydroxyacetone）、甘油（glycerol）、乙醇胺（ethanolamine）、十八烯酸单甘油酯（2-monoolein）、亚油酸（linoleic acid）、棕榈酸（palmitic acid）、亚麻酸（linolenic acid）和硬脂酸（stearic acid）等。多种氨基酸也在 TW 中大量累积，包括天冬氨酸（aspartic acid）、异亮氨酸（isoleucine）、亮氨酸 2（leucine 2）、脯氨酸（proline）、丝氨酸 1（serine 1）、酪氨酸 1（tyrosine 1）和缬氨酸（valine）等。同时，与 NW 相比，一些代谢物在 OW 中升高（表 4-17，图 4-23）。这些结果说明脂肪酸代谢途径和氨基酸代谢途径受人工弯曲的影响，在 TW 和 OW 的形成中有重要作用。

葡萄糖-1-磷酸（glucose-1-phosphate）是多个代谢途径的中间代谢物，包括戊糖和葡萄糖醛酸相互转化、淀粉和蔗糖代谢途径、果糖和甘露糖代谢途径、糖酵解和半乳糖代谢途径。与 OW 相比，葡萄糖-1-磷酸在 TW 中的含量升高（表 4-17，图 4-23）。此外，与糖酵解途径相关的熊果苷（arbutin）在 TW 的含量高于 OW 组织中，在 OW 中的含量高于 NW 组织中；水杨苷（salicin）在 TW 或 OW 中的含量比 NW 中含量低（表 4-17，图 4-23）。果糖和甘露糖代谢在人工弯曲处理后增强，山梨醇（sorbitol）、甘露糖（mannose）、果糖（fructose）和岩藻糖（fucose）的含量与 NW 相比，在 TW 或 OW 中增加，而且大部分代谢物在 TW 中含量比 OW 中多（表 4-17，图 4-23）。在淀粉和蔗糖代谢途径中，葡萄糖（glucose）含量在 TW 中比 NW 少，而葡萄糖醛酸（glucuronic acid）在 TW 中累积（表 4-17，图 4-23）。戊糖和葡萄糖醛酸相互转化中的木糖醇（xylitol）与核糖醇（ribitol）在 TW 中的含量比 NW 或 OW 少，在 OW 中比 NW 少（表 4-17，图 4-23），说明 TW 中木糖（xylose）合成被抑制，而在转录组和蛋白质组中，我们没有鉴定到与木糖合成相关的关键基因和蛋白质。

本研究鉴定出了与纤维素合成途径相关的葡萄糖、葡萄糖-1-磷酸、果糖、半乳糖（galactose）、甘露糖等。结果发现，与 OW 或 NW 相比，在 TW 中的葡萄糖-1-磷酸、果糖和甘露糖增加，说明弯曲生长促进一系列多糖生物合成。转录组和蛋白质组分析（本章 4.2 节和 4.4 节）也显示了从应拉木形成过程中基因水平到蛋白质水平多糖合成代谢的调控变化，总体上形成了多糖合成的基因到蛋白质，再到代谢物的促进。

木质素是通过苯丙烷生物合成途径被合成的，被子植物中主要的木质素单体是芥子醇（sinapyl alcohol）和松柏醇（coniferyl alcohol）。松柏醇是 G-木质素的主要单体，与 OW 或 NW 相比，它的含量在弯曲处理的 TW 组织中减少，证明在TW 中木质素合成被抑制。前期白桦应拉木化学组分分析及切片染色分析，也显示了应拉木中木质素含量的减少；在转录组和蛋白质组分析中，也都发现了木质素合成关键酶基因和蛋白质的下调，这些数据显示了白桦应拉木形成过程中一系列从基因到蛋白质再到代谢物的变化调控机制。莽草酸（shikimic acid）是与木质素合成相关的中间产物，本研究发现，莽草酸在 TW 中的含量比 OW 中的含量降低，说明在 TW 中木质素生物合成的途径在上游就被抑制。转录组分析结果显示莽草酸合成代谢途径的大部分基因都下调表达（图 4-6D、图 4-7）。莽草酸 5-脱氢酶（shikimate 5-dehydrogenase，SKDH，EC 1.1.1.25）催化 3-脱氢莽草酸可逆还原为莽草酸，是芳香族氨基酸生物合成途径中的关键酶（Lim et al.，2004）。在蛋白质组分析中该酶蛋白在应拉木中的表达下调（表 4-12），推测由此导致了莽草酸含量的下降。另外，由于莽草酸含量的下降，蛋白质组分析中，莽草酸途径下游的苯丙烷合成代谢途径蛋白质上调表达，推测这可能是一种反馈补偿的机制。

4.5.5 小结

本章前几节通过转录组学和蛋白质组学揭示了 TW 形成过程中基因及蛋白质表达的变化，在此基础上，本节结合代谢组学分析进一步探讨了 TW 形成的分子机制。对 TCA 循环、脂肪酸、氨基酸合成代谢途径进行了分析，结果显示参与这些代谢途径的代谢物在 TW 形成过程中是不同的。此外，对木质素和纤维素的相关合成代谢途径进行了分析，发现在 TW 形成过程中，木质素生物合成的抑制及纤维素生物合成的促进反映在了基因、蛋白质及代谢物一系列相关变化中。本研究结果将为研究木质素和纤维素生物合成的调控网络及应拉木的形成机理提供理论依据，对木材品质性状的遗传改良和提高林木生物量具有重要意义。

参 考 文 献

白晓卉, 于修平. 2006. 比较蛋白质组学研究进展. 医学综述, 17: 1071-1073.

柴修武, 陆熙娴, 相亚明, 等. 1991. 林地施肥对 I-214 杨木材性质的影响. 林业科学研究, 03: 297-301.

柴修武, 王豁然, 方玉霖, 等. 1993. 四种桉树不同种源木材基本密度和纤维长度变异研究. 林业科学研究, 04: 397-402.

苊姗姗. 2009. 应拉木胶质层残余生长应力及其非正常形变过程研究. 北京林业大学博士学位论文.

陈承德, 黄日明, 林元辉, 等. 1999. 三种阔叶树枝桠材应拉木和对应木的解剖特征及材性的研究. 福建林业科技, 03: 7-12.

陈洁. 2012. iTRAQ 及非标定量方法分析百合纲类植物叶绿体差异蛋白. 复旦大学硕士学位论文.

陈永辉, 伍寿彭, 王名金, 等. 1989. 中山杉 302 和 401 无性系在碱地上的生长和适应性的初步研究. 江苏林业科技, 03: 14-18.

陈永忠, 谭晓风, David Clapham. 2003. 木质素生物合成及其基因调控研究综述. 江西农业大学学报(自然科学), 04: 613-617.

崔克明. 2006. 木质部细胞分化的程序. 西北植物学报, 08: 1735-1748.

樊汝汶, 尹增芳, 周坚. 1999. 植物木质部发育生物学研究. 植物学通报, 04: 387-397.

方文彬, 林云, 罗建举, 等. 1995. 火炬松速生材构造变异规律的研究. 中南林学院学报, 01: 13-19.

付月, 薛永常. 2006. 木质素生物合成及其基因调控研究进展. 安徽农业科学, 09: 1766-1767+ 1771.

甘四明, 苏晓华. 2006. 林木基因组学研究进展. 植物生理与分子生物学学报, 02: 133-142.

何大澄, 肖雪媛. 2002. 差异蛋白质组学及其应用. 北京师范大学学报(自然科学版), 04: 558-562.

何木林. 2006. 施肥对尾赤桉无性系 DH_(201-2)生长和材性影响的研究. 福建林业科技, 04: 100-103.

贺新强, 崔克明. 2002. 植物细胞次生壁形成的研究进展. 植物学通报, 05: 513-522.

黄振英, 刘盛全, 朱林海, 等. 2003. 施肥处理对I-69杨木材材性的影响. 安徽农业大学学报, 01: 86-91.

金艳, 许海霞, 徐圆圆, 等. 2009. 几种不同提取方法对小麦叶片总蛋白双向电泳的影响. 麦类作物学报, 29(6): 1083-1087.

李春秀, 齐力旺, 王建华, 等. 2005. 植物纤维素合成酶基因和纤维素的生物合成. 生物技术通报, 04: 5-11.

李春秀, 齐力旺, 王建华, 等. 2006. 毛白杨纤维素合成酶基因(PtoCesA1)克隆、序列分析及其植物表达载体的构建. 中国生物工程杂志, 02: 49-52+61.

李宏, 王新力. 1999. 植物组织 RNA 提取的难点及对策. 生物技术通报, 01: 38-41.

李华华. 2011. 不同暗处理的小黑杨叶片蛋白质组学研究. 东北林业大学硕士学位论文.

李坚, 石江涛. 2011. 木材形成的分子生物学研究: "多组学"在应力木系统中的应用. 东北林业大学学报, 39(8): 101-105.

李伟. 2006. iTRAQ 多重化学标记串联质谱技术在比较蛋白质组学中的应用. 生命的化学, 05: 453-456.

林金星, 李正理. 1993. 马尾松正常木与应压木的比较解剖. 植物学报. 35(3): 201-205+251-252.

刘福妹. 2012. 最佳配方肥及其氮磷钾元素对白桦生长发育和相关基因表达的影响. 东北林业大学硕士学位论文.

刘倩. 2009. 人工授力树干应力木的初步研究. 安徽农业大学硕士学位论文.

刘群燕. 2010. 人工授力树干杨树应拉木内源激素分布规律及主要木材性质的研究. 安徽农业大学硕士学位论文.

刘晓春, 贾洪柏, 王秋玉. 2008. 白桦天然种群木材材质性状的变异与相关性. 东北林业大学学报, 08: 8-10.

陆雅婕, 丁小龙, 高文丽, 等. 2014. 中林-46 杨正常木与应拉木制浆性能的比较. 东北林业大学学报, 42(4): 85-88.

罗建举, 曹琳, 杨建林, 等. 1998. 施肥处理对尾叶桉木材化学成分含量的影响. 林业科学, 05: 98-104.

潘彪, 徐永吉, 李贻铨, 等. 2004. 施肥处理对尾叶桉无性系纸浆材生长和材性的影响. 南京林业大学学报(自然科学版), 05: 11-14.

彭存智, 李蕾, 刘志昕. 2010. 红树叶蛋白质样品制备方法的比较及其双向电泳分析. 热带生物学报, 1(1): 12-16.

任军, 徐程扬, 林玉梅, 等. 2008. 水曲柳幼苗根系吸收不同形态氮的动力学特征. 植物生理学通讯, 05: 919-922.

宋东亮, 沈君辉, 李来庚. 2008. 高等植物细胞壁中纤维素的合成. 植物生理学通讯, 04: 791-796.

宋学东, 李慧玉, 姜静, 等. 2006. 白桦花芽蛋白质双向电泳技术的建立. 生物技术通讯, 06: 901-903.

孙成志, 尹思慈. 1980. 十种国产针叶树材管胞次生壁纤丝角的测定. 林业科学, 04: 302-303+324.

邰付菊, 李学宝. 2004. 植物纤维素生物合成及其相关酶类. 细胞生物学杂志, 05: 490-494.

王力敏, 王东阳, 王丹, 等. 2014. 木薯块根膨大期韧皮部和木质部比较蛋白组学初步研究. 热带作物学报, 35(3): 525-533.

王林风, 程远超. 2011. 硝酸乙醇法测定纤维素含量. 化学研究, 22(4): 52-55+71.

王林纤, 戴勇, 涂植光. 2010. iTRAQ 标记技术与差异蛋白质组学的生物标志物研究. 生命的化学, 30(1): 135-140.

王文军. 2008. 大豆种子冷害和 PEG 引发的蛋白质组学分析. 内蒙古农业大学硕士学位论文.

王雅清, 柴晶晶, 崔克明. 1999. 杜仲次生木质部分化和脱分化过程中酸性磷酸酶的超微细胞化学定位. 植物学报, 40(11): 1155-1159.

王亚伟. 2012. Penicillium freii F63 来源的甘露聚糖酶的基因克隆、表达与酶学性质研究. 中南民族大学硕士学位论文.

王英超, 党源, 李晓艳, 等. 2010. 蛋白质组学及其技术发展. 生物技术通讯, 21(1): 139-144.

王忠营. 2008. 杉木人工林对施肥的响应. 福建农林大学硕士学位论文.

夏玉芳. 2001. 马尾松中龄施肥木材密度和干缩率的研究. 浙江林业科技, 06: 2-6+14.

夏玉芳. 2002. 施肥对中龄马尾松木材主要物理性质和管胞形态的影响. 中南林学院学报, 01: 43-46.

谢红丽. 2003. 毛白杨剥皮再生过程中蛋白质的表达分析及差异蛋白的肽质量指纹鉴定. 中国农业大学硕士学位论文.

谢进, 田晓明, 刘淑欣, 等. 2013. 适用于毛白杨芽双向电泳分析的蛋白质提取方法. 北京林业大学学报, 35(4): 144-148.

谢秀枝, 王欣, 刘丽华, 等. 2011. iTRAQ 技术及其在蛋白质组学中的应用. 中国生物化学与分子生物学报, 27(7): 616-621.

徐天润, 刘心昱, 许国旺. 2020. 基于液相色谱-质谱联用技术的代谢组学分析方法研究进展. 分析测试学报, 39(1): 10-18.

薛英喜. 2012. 杨树木质素合成基因功能分析及其对生物质能源转化的影响. 东北林业大学硕士学位论文.

杨传平, 姜静, 梁艳, 等. 2004. 白桦雄花序发育初期蛋白质的双向电泳图谱分析. 东北林业大学学报, 01: 1-4.

杨立伟, 施季森. 2005. 杉木茎段形成层组织 cDNA 文库的构建. 南京林业大学学报(自然科学版), 06: 85-87.

杨秋玉, 耿兴敏, 彭方仁. 2014. 杜鹃叶片3种蛋白质提取方法的比较. 安徽农业大学学报, 41(3): 440-444.

喻娟娟, 戴绍军. 2009. 植物蛋白质组研究若干重要进展. 植物学报, 44(4): 410-425.

袁坤, 王明麻, 黄敏仁. 2007. 一种适合杨树叶片的蛋白质提取方法. 南京林业大学学报(自然科学版), 03: 119-121.

詹亚光, 曾凡锁. 2005. 富含多糖的白桦成熟叶片 DNA 的提取方法. 东北林业大学学报, 03: 24-25.

张春玲, 张德强, 赵树堂, 等. 2006. 杨树形成层区域扩张蛋白 *PtEXP1* 基因的克隆与分析. 西北农林科技大学学报(自然科学版), 06: 52-56+62.

张建国, 李贻铨, 万细瑞. 2006. NP 营养对杉木、湿地松、尾叶桉苗木干物质分配的影响. 林业科学, 05: 48-53.

张凯旋, 赵桂媛, 刘关君, 等. 2011. 小黑杨应拉木上下侧 cDNA 文库的比较分析. 北京林业大学学报, 33(3): 8-13.

张耀丽, 徐永吉, 徐柯, 等. 2000. 不同施肥处理对尾叶桉纤维形态的影响. 南京林业大学学报(自然科学版), 01: 44-47.

赵桂媛. 2010. 小黑杨应拉木茎形成层 cDNA 文库构建及相关基因表达分析. 东北林业大学硕士学位论文.

赵相涛, 吕全, 赵嘉平, 等. 2012. 一种适合杨树树皮的蛋白质提取方法. 山东农业科学, 44(7): 121-123.

赵雅静. 2009. 干旱胁迫下圆叶决明(86134R1)生理代谢及蛋白质组学研究. 福建农林大学硕士学位论文.

钟宇, 罗启高, 张健, 等. 2011. 氮磷钾配施对巨桉木材纤维素含量的影响. 生物数学学报, (4):9.

周亮, 刘盛全, 高慧, 等. 2012. 欧美杨 107 正常木与应拉木纤维形态和化学组成比较. 西北农林科技大学学报(自然科学版), 40(2): 64-70.

朱大群, 高玉池, 魏志刚, 等. 2008. 白桦优质速生纤维材家系的选择. 东北林业大学学报, 36(11): 15-17.

朱惠方, 李新时. 1962. 数种速生树种的木材纤维形态及其化学成分的研究. 林业科学, 04: 255-267.

Adams DJ. 2004. Fungal cell wall chitinases and glucanases. Microbiology, 150(Pt 7): 2029-2035.

Adler LS, Seifert MG, Wink M, et al. 2012. Reliance on pollinators predicts defensive chemistry across tobacco species. Ecol Lett, 15(10): 1140-1148.

Allona I, Quinn M, Shoop E, et al. 1998. Analysis of xylem formation in pine by cDNA sequencing. Proc Natl Acad Sci USA, 95(16): 9693-9698.

Almeida T, Menéndez E, Capote T, et al. 2013. Molecular characterization of *Quercus suber* MYB1, a transcription factor up-regulated in cork tissues. J Plant Physiol, 170(2): 172-178.

Aloni Y, Delmer DP, Benziman M. 1982. Achievement of high rates of *in vitro* synthesis of 1,4-beta-*D*-glucan: activation by cooperative interaction of the *Acetobacter xylinum* enzyme system with GTP, polyethylene glycol, and a protein factor. Proc Natl Acad Sci USA, 79(21): 6448-6452.

Andersson-Gunnerås S, Mellerowicz EJ, Love J, et al. 2006. Biosynthesis of cellulose-enriched tension wood in *Populus*: global analysis of transcripts and metabolites identifies biochemical and developmental regulators in secondary wall biosynthesis. Plant J, 45(2): 144-165.

Arana MV, Sánchez-Lamas M, Strasser B, et al. 2014. Functional diversity of phytochrome family in the control of light and gibberellin-mediated germination in *Arabidopsis*. Plant Cell Environ, 37(9): 2014-2023.

Arbona V, Manzi M, Ollas CD, et al. 2013. Metabolomics as a tool to investigate abiotic stress tolerance in plants. Int J Mol Sci, 14(3): 4885-4911.

Arioli T, Peng L, Betzner AS, et al. 1998. Molecular analysis of cellulose biosynthesis in *Arabidopsis*. Science, 279(5351): 717-720.

Audic S, Claverie JM. 1997. The significance of digital gene expression profiles. Genome Res, 7(10): 986-995.

Ayano M, Kani T, Kojima M, et al. 2014. Gibberellin biosynthesis and signal transduction is essential for internode elongation in deepwater rice. Plant Cell Environ, 37(10): 2313-2324.

Bao W, O'Malley DM, Sederoff RR. 1992. Wood contains a cell-wall structural protein. Proc Natl Acad Sci USA, 89(14): 6604-6608.

Baucher M, Halpin C, Petit-Conil M, et al. 2003. Lignin: genetic engineering and impact on pulping. Crit Rev Biochem Mol Biol, 38(4): 305-350.

Beers EP, Zhao C. 2001. Arabidopsis as a model for investigating gene activity and function in vascular tissues. Progress in Biotechnology, 18: 43-52.

Bertolde FZ, Almeida AA, Silva FA, et al. 2014. Efficient method of protein extraction from *Theobroma cacao* L. roots for two-dimensional gel electrophoresis and mass spectrometry analyses. Genet Mol Res, 13(3): 5036-5047.

Bhandari S, Fujino T, Thammanagowda S, et al. 2006. Xylem-specific and tension stress-responsive coexpression of KORRIGAN endoglucanase and three secondary wall-associated cellulose synthase genes in aspen trees. Planta, 224(4): 828-837.

Binenbaum J, Weinstain R, Shani E. 2018. Gibberellin localization and transport in plants. Trends Plant Sci, 23(5): 410-421.

Boerjan W, Ralph J, Baucher M. 2003. Lignin biosynthesis. Annu Rev Plant Biol, 54: 519-546.

Bohnert HJ, Ayoubi P, Borchert C, et al. 2001. A genomics approach towards salt stress tolerance. Plant Physiology and Biochemistry, 39(3/4): 295-311.

Brett CT. 2000. Cellulose microfibrils in plants: biosynthesis, deposition, and integration into the cell wall. Int Rev Cytol, 199: 161-199.

Brown DM, Zeef LA, Ellis J, et al. 2005. Identification of novel genes in *Arabidopsis* involved in secondary cell wall formation using expression profiling and reverse genetics. Plant Cell, 17(8): 2281-2295.

Bryan AC, Obaidi A, Wierzba M, et al. 2012. Xylem intermixed with phloem1, a leucine-rich repeat receptor-like kinase required for stem growth and vascular development in *Arabidopsis thaliana*. Planta, 235(1): 111-122.

Burn JE, Hocart CH, Birch RJ, et al. 2002. Functional analysis of the cellulose synthase genes *CesA1*, *CesA2*, and *CesA3* in *Arabidopsis*. Plant Physiol, 129(2): 797-807.

Bygdell J, Srivastava V, Obudulu O, et al. 2017. Protein expression in tension wood formation monitored at high tissue resolution in *Populus*. J Exp Bot, 68(13): 3405-3417.

Calvo AP, Nicolás C, Nicolás G, et al. 2004. Evidence of a cross-talk regulation of a GA 20-oxidase (*FsGA20ox1*) by gibberellins and ethylene during the breaking of dormancy in *Fagus sylvatica* seeds. Physiol Plant, 120(4): 623-630.

Caño-Delgado A, Yin Y, Yu C, et al. 2004. BRL1 and BRL3 are novel brassinosteroid receptors that function in vascular differentiation in *Arabidopsis*. Development,131(21):5341-51.

Cao J, He XQ, Wang YQ, et al. 2003. Programmed cell death during secondary xylem differentiation in *Eucommia ulmoides*. Acta Botanica Sinica, 45(12): 1465-1474

Carroll A, Mansoori N, Li S, et al. 2012. Complexes with mixed primary and secondary cellulose synthases are functional in *Arabidopsis* plants. Plant Physiol, 160(2): 726-737.

Cassan-Wang H, Goué N, Saidi MN, et al. 2013. Identification of novel transcription factors regulating secondary cell wall formation in *Arabidopsis*. Front Plant Sci, 4: 189.

Cato S, McMillan L, Donaldson L, et al. 2006. Wood formation from the base to the crown in *Pinus radiata*: gradients of tracheid wall thickness, wood density, radial growth rate and gene expression. Plant Mol Biol, 60(4): 565-581.

Chaffey N. 1999. Wood formation in forest trees: from *Arabidopsis* to *Zinnia*. Trends Plant Sci, 4(6): 203-204.

Chang S, Puryear J, Cairney J. 1993. A simple and efficient method for isolating RNA from pine trees. Plant Mol Biol Rep, 11: 113-116.

Chen CY, Hsieh MH, Yang CC, et al. 2010. Analysis of the cellulose synthase genes associated with primary cell wall synthesis in *Bambusa oldhamii*. Phytochemistry, 71(11-12): 1270-1279.

Chen HM, Pang Y, Zeng J, et al. 2012. The Ca^{2+}-dependent DNases are involved in secondary xylem development in *Eucommia ulmoides*. J Integr Plant Biol, 54(7): 456-470.

Chen X, Lu S, Wang Y, et al. 2015. *OsNAC2* encoding a NAC transcription factor that affects plant height through mediating the gibberellic acid pathway in rice. Plant J, 82(2): 302-314.

Chung SK, Ryu SI, Lee SB. 2012. Characterization of UDP-glucose 4-epimerase from *Pyrococcus horikoshii*: regeneration of UDP to produce UDP-galactose using two-enzyme system with trehalose. Bioresource Technology, 110: 423-429.

Cominelli E, Sala T, Calvi D, et al. 2008. Over-expression of the *Arabidopsis AtMYB41* gene alters cell expansion and leaf surface permeability. Plant J, 53(1): 53-64.

Cordenunsi BR, Oliveira do Nascimento JR, Vieira da Mota R, et al. 2001. Phosphoglucose isomerase from bananas: partial characterization and relation to main changes in carbohydrate composition during ripening. Biosci Biotechnol Biochem, 65(10): 2174-2180.

Costa MA, Collins RE, Anterola AM, et al. 2003. An in silico assessment of gene function and organization of the phenylpropanoid pathway metabolic networks in *Arabidopsis thaliana* and limitations thereof. Phytochemistry, 64(6): 1097-1112.

Cuddapah S, Barski A, Cui K, et al. 2009. Native chromatin preparation and Illumina/Solexa library construction. Cold Spring Harb Protoc, 6: pdb. prot5237.

Dafoe NJ, Constabel CP. 2009. Proteomic analysis of hybrid poplar xylem sap. Phytochemistry, 70(7): 856-863.

Dai S, Li L, Chen T, et al. 2006. Proteomic analyses of *Oryza sativa* mature pollen reveal novel proteins associated with pollen germination and tube growth. Proteomics, 6(8): 2504-2529.

Darley CP, Forrester AM, McQueen-Mason SJ. 2001. The molecular basis of plant cell wall extension. Plant Mol Biol, 47(1-2): 179-195.

Davies HV, Shepherd LV, Stewart D, et al. 2010. Metabolome variability in crop plant species—when, where, how much and so what? Regul Toxicol Pharmacol, 58(3 Suppl): S54-61.

Day A, Neutelings G, Nolin F, et al. 2009. Caffeoyl coenzyme A O-methyltransferase down-regulation is associated with modifications in lignin and cell-wall architecture in flax secondary xylem. Plant Physiol Biochem, 47(1): 9-19.

de Souza AX, Sant'Anna CM. 2008. 5-Enolpyruvylshikimate-3-phosphate synthase: determination of the protonation state of active site residues by the semiempirical method. Bioorg Chem, 36(3): 113-120.

De Zio E, Montagnoli A, Karady M, et al. 2020. Reaction wood anatomical traits and hormonal profiles in poplar bent stem and root. Front Plant Sci, 11: 590985.

De Zio E, Trupiano D, Montagnoli A, et al. 2016. Poplar woody taproot under bending stress: the asymmetric response of the convex and concave sides. Ann Bot, 118(4): 865-883.

Demura T, Fukuda H. 2007. Transcriptional regulation in wood formation. Trends Plant Sci, 12(2): 64-70.

Deng Z, Zhang X, Tang W, et al. 2007. A proteomics study of brassinosteroid response in *Arabidopsis*. Mol Cell Proteomics, 6(12): 2058-2071.

Dharmawardhana P, Brunner AM, Strauss SH. 2010. Genome-wide transcriptome analysis of the transition from primary to secondary stem development in *Populus trichocarpa*. BMC Genomics, 11: 150.

Di Matteo A, Giovane A, Raiola A, et al. 2005. Structural basis for the interaction between pectin methylesterase and a specific inhibitor protein. Plant Cell, 17(3): 849-858.

Djerbi S, Lindskog M, Arvestad L, et al. 2005. The genome sequence of black cottonwood (*Populus trichocarpa*) reveals 18 conserved cellulose synthase (*CesA*) genes. Planta, 221(5): 739-746.

Doblin MS, Kurek I, Jacob-Wilk D, et al. 2002. Cellulose biosynthesis in plants: from genes to rosettes. Plant Cell Physiol, 43(12): 1407-1420.

Dolan L, Janmaat K, Willemsen V, et al. 1993. Cellular organisation of the *Arabidopsis thaliana* root. Development, 119(1): 71-84.

Du J, Groover A. 2010. Transcriptional regulation of secondary growth and wood formation. J Integr Plant Biol, 52(1): 17-27.

Du S, Yamamoto F. 2007. An Overview of the biology of reaction wood formation. Journal of Integrative Plant Biology, 49(2): 131-143.

Ehlting J, Mattheus N, Aeschliman DS, et al. 2005. Global transcript profiling of primary stems from *Arabidopsis thaliana* identifies candidate genes for missing links in lignin biosynthesis and transcriptional regulators of fiber differentiation. Plant J, 42(5): 618-640.

Eisen MB, Spellman PT, Brown PO, et al. 1998. Cluster analysis and display of genome-wide expression patterns. Proc Natl Acad Sci USA, 95(25): 14863-14868.

Fagard M, Desnos T, Desprez T, et al. 2000. PROCUSTE1 encodes a cellulose synthase required for normal cell elongation specifically in roots and dark-grown hypocotyls of *Arabidopsis*. Plant Cell, 12(12): 2409-2424.

Fagerstedt KV, Kukkola EM, Koistinen VV, et al. 2010. Cell wall lignin is polymerised by class III secretable plant peroxidases in Norway spruce. J Integr Plant Biol, 52(2): 186-194.

Fang G, Hammar S, Grumet R. 1992. A quick and inexpensive method for removing polysaccharides from plant genomic DNA. Biotechniques, 13(1): 52-4+56.

Feuillet C, Lauvergeat V, Deswarte C, et al. 1995. Tissue- and cell-specific expression of a cinnamyl alcohol dehydrogenase promoter in transgenic poplar plants. Plant Mol Biol, 27(4): 651-667.

Fornalé S, Shi X, Chai C, et al. 2010. ZmMYB31 directly represses maize lignin genes and redirects the phenylpropanoid metabolic flux. Plant J, 64(4): 633-644.

Fornalé S, Sonbol FM, Maes T, et al. 2006. Down-regulation of the maize and *Arabidopsis thaliana* caffeic acid *O*-methyl-transferase genes by two new maize R2R3-MYB transcription factors. Plant Mol Biol, 62(6): 809-823.

Franke R, Hemm MR, Denault JW, et al. 2002. Changes in secondary metabolism and deposition of an unusual lignin in the *ref8* mutant of *Arabidopsis*. Plant J, 30(1): 47-59.

Fry SC, Smith RC, Renwick KF, et al. 1992. Xyloglucan endotransglycosylase, a new wall-loosening enzyme activity from plants. Biochem J, 282 (3): 821-828.

Fucile G, Falconer S, Christendat D. 2008. Evolutionary diversification of plant shikimate kinase gene duplicates. PLoS Genet, 4(12): e1000292.

Fukuda H. 1996. Xylogenesis: initiation, progression, and cell death. Annu Rev Plant Physiol Plant Mol Biol, 47: 299-325.

Fukuda H. 2004. Signals that control plant vascular cell differentiation. Nat Rev Mol Cell Biol, 5(5): 379-391.

Galvão FC, Rossi D, Silveira Wda S, et al. 2013. The deoxyhypusine synthase mutant *dys1-1* reveals the association of eIF5A and Asc1 with cell wall integrity. PLoS One, 8(4): e60140.

Gendreau E, Traas J, Desnos T, et al. 1997. Cellular basis of hypocotyl growth in *Arabidopsis thaliana*. Plant Physiol, 114(1): 295-305.

Ghosh JS, Chaudhuri S, Dey N, et al. 2013. Functional characterization of a serine-threonine protein kinase from *Bambusa balcooa* that implicates in cellulose overproduction and superior quality fiber formation. BMC Plant Biol, 13: 128.

Gimeno-Gilles C, Lelièvre E, Viau L, et al. 2009. ABA-mediated inhibition of germination is related to the inhibition of genes encoding cell-wall biosynthetic and architecture: modifying enzymes and structural proteins in *Medicago truncatula* embryo axis. Mol Plant, 2(1): 108-119.

Granot D, David-Schwartz R, Kelly G. 2013. Hexose kinases and their role in sugar-sensing and plant development. Front Plant Sci, 4: 44.

Gray-Mitsumune M, Blomquist K, McQueen-Mason S, et al. 2008. Ectopic expression of a wood-abundant expansin *PttEXPA1* promotes cell expansion in primary and secondary tissues in aspen. Plant Biotechnol J, 6(1): 62-72.

Grell MN, Linde T, Nygaard S, et al. 2013. The fungal symbiont of *Acromyrmex* leaf-cutting ants expresses the full spectrum of genes to degrade cellulose and other plant cell wall polysaccharides. BMC Genomics, 14: 928.

Groover A, DeWitt N, Heidel A, et al. 1997. Programmed cell death of plant tracheary elements differentiating *in vitro*. Protoplasma, 196: 197-211.

Groover A, Jones AM. 1999. Tracheary element differentiation uses a novel mechanism coordinating programmed cell death and secondary cell wall synthesis. Plant Physiol, 119(2): 375-384.

Grunwald C, Ruel K, Joseleau J-P, et al. 2001. Morphology, wood structure and cell wall composition of *rolC* transgenic and non-transformed aspen trees. Trees-Structure and Function, 15(8): 503-517.

Haigler CH, Ivanova-Datcheva M, Hogan PS, et al. 2001. Carbon partitioning to cellulose synthesis. Plant Mol Biol, 47(1-2): 29-51.

Hanus J, Mazeau K. 2006. The xyloglucan-cellulose assembly at the atomic scale. Biopolymers, 82(1): 59-73.

Hatfield R, Vermerris W. 2001. Lignin formation in plants. The dilemma of linkage specificity. Plant Physiol, 126(4): 1351-1357.

Hauffe KD, Lee SP, Subramaniam R, et al. 1993. Combinatorial interactions between positive and negative cis-acting elements control spatial patterns of *4CL-1* expression in transgenic tobacco. Plant J, 4(2): 235-253.

Hegedűs Z, Zakrzewska A, Ágoston VC, et al. 2009. Deep sequencing of the zebrafish transcriptome response to mycobacterium infection. Mol Immunol, 46(15): 2918-2930.

Hellgren JM, Olofsson K, Sundberg B. 2004. Patterns of auxin distribution during gravitational induction of reaction wood in poplar and pine. Plant Physiol, 135(1): 212-220.

Hemm MR, Herrmann KM, Chapple C. 2001. AtMYB4: a transcription factor general in the battle against UV. Trends Plant Sci, 6(4): 135-136.

Herrero J, Fernández-Pérez F, Yebra T, et al. 2013. Bioinformatic and functional characterization of the basic peroxidase 72 from *Arabidopsis thaliana* involved in lignin biosynthesis. Planta, 237(6): 1599-1612.

Hertzberg M, Aspeborg H, Schrader J, et al. 2001. A transcriptional roadmap to wood formation. Proc Natl Acad Sci USA, 98(25): 14732-14737.

Hillis WE. 1987. Heartwood and Tree Exudates. Berlin Heidelberg: Springer.

Hillis WE. 1996. Formation of Robinetin Crystals in vessels of *Intsia* species. IAWA Journal, 17(4): 405-419.

Hossain MA, Noh HN, Kim KI, et al. 2010. Mutation of the chitinase-like protein-encoding *AtCTL2* gene enhances lignin accumulation in dark-grown *Arabidopsis* seedlings. J Plant Physiol, 167(8): 650-658.

Howles PA, Birch RJ, Collings DA, et al. 2006. A mutation in an *Arabidopsis* ribose 5-phosphate isomerase reduces cellulose synthesis and is rescued by exogenous uridine. Plant J, 48(4): 606-618.

Hu WJ, Harding SA, Lung J, et al. 1999. Repression of lignin biosynthesis promotes cellulose accumulation and growth in transgenic trees. Nat Biotechnol, 17(8): 808-812.

Hu WJ, Kawaoka A, Tsai CJ, et al. 1998. Compartmentalized expression of two structurally and functionally distinct 4-coumarate:CoA ligase genes in aspen (*Populus tremuloides*). Proc Natl Acad Sci USA, 95(9): 5407-5412.

Huerta L, Forment J, Gadea J, et al. 2008. Gene expression analysis in citrus reveals the role of gibberellins on photosynthesis and stress. Plant Cell Environ, 31(11): 1620-1633.

Hussey SG, Mizrachi E, Spokevicius AV, et al. 2011. SND2, a NAC transcription factor gene, regulates genes involved in secondary cell wall development in *Arabidopsis* fibres and increases fibre cell area in *Eucalyptus*. BMC Plant Biol, 11: 173.

Inouhe M, Nevins DJ. 1991. Inhibition of auxin-induced cell elongation of maize coleoptiles by antibodies specific for cell wall glucanases. Plant Physiol, 96(2):426-31.

Isebrands JG, Bensend DW. 1972. Incidence and structure of gelatinous fibers within rapid-growing

Eastern Cottonwood. Wood and Fiber, 4(2): 61-71.

Jaakola L, Pirttilä AM, Halonen M, et al. 2001. Isolation of high quality RNA from bilberry (*Vaccinium myrtillus* L.) fruit. Mol Biotechnol, 19(2): 201-203.

Jiang S, Xu K, Wang YZ, et al. 2008. Role of GA$_3$, GA$_4$ and uniconazole-P in controlling gravitropism and tension wood formation in *Fraxinus mandshurica* Rupr. var. *japonica* Maxim. seedlings. J Integr Plant Biol, 50(1): 19-28.

Jin H, Do J, Moon D, et al. 2011. EST analysis of functional genes associated with cell wall biosynthesis and modification in the secondary xylem of the yellow poplar (*Liriodendron tulipifera*) stem during early stage of tension wood formation. Planta, 234(5): 959-977.

Johnsson C, Jin X, Xue W, et al. 2019. The plant hormone auxin directs timing of xylem development by inhibition of secondary cell wall deposition through repression of secondary wall NAC-domain transcription factors. Physiol Plant, 165(4): 673-689.

Jones AM. 2001. Programmed cell death in development and defense. Plant Physiol, 125(1): 94-97.

Jorrín-Novo JV, Maldonado AM, Echevarría-Zomeño S, et al. 2009. Plant proteomics update (2007-2008): second-generation proteomic techniques, an appropriate experimental design, and data analysis to fulfill MIAPE standards, increase plant proteome coverage and expand biological knowledge. J Proteomics, 72(3): 285-314.

Kajita S, Hishiyama S, Tomimura Y, et al. 1997. Structural characterization of modified lignin in transgenic tobacco plants in which the activity of 4-coumarate:coenzyme a ligase is depressed. Plant Physiol, 114(3): 871-879.

Kamerewerd J, Zadra I, Kürnsteiner H, et al. 2011. *PcchiB1*, encoding a class V chitinase, is affected by PcVelA and PcLaeA, and is responsible for cell wall integrity in *Penicillium chrysogenum*. Microbiology, 157: 3036-3048.

Kanehisa M. (2002). The KEGG database. Novartis Foundation symposium, 247: 91-101.

Karpinska B, Karlsson M, Srivastava M, et al. 2004. MYB transcription factors are differentially expressed and regulated during secondary vascular tissue development in hybrid aspen. Plant Mol Biol, 56(2): 255-270.

Kawamoto S, Ohnishi T, Kita H, et al. 1999. Expression profiling by iAFLP: a PCR-based method for genome-wide gene expression profiling. Genome Res, 9(12): 1305-1312.

Kim H, Ralph J, Yahiaoui N, et al. 2000. Cross-coupling of hydroxycinnamyl aldehydes into lignins. Org Lett, 2(15): 2197-2200.

Kim WC, Kim JY, Ko JH, et al. 2014. Identification of direct targets of transcription factor MYB46 provides insights into the transcriptional regulation of secondary wall biosynthesis. Plant Mol Biol, 85(6): 589-599.

Kim WC, Ko JH, Kim JY, et al. 2013. MYB46 directly regulates the gene expression of secondary wall-associated cellulose synthases in *Arabidopsis*. Plant J, 73(1): 26-36.

Kimura S, Laosinchai W, Itoh T, et al. 1999. Immunogold labeling of rosette terminal cellulose-synthesizing complexes in the vascular plant *Vigna angularis*. Plant Cell, 11(11): 2075-2086.

Kleffmann T, von Zychlinski A, Russenberger D, et al. 2007. Proteome dynamics during plastid differentiation in rice. Plant Physiol, 143(2): 912-923.

Ko JH, Beers EP, Han KH. 2006. Global comparative transcriptome analysis identifies gene network regulating secondary xylem development in *Arabidopsis thaliana*. Mol Genet Genomics, 276(6): 517-531.

Ko JH, Kim WC, Han KH. 2009. Ectopic expression of MYB46 identifies transcriptional regulatory genes involved in secondary wall biosynthesis in *Arabidopsis*. Plant J, 60(4): 649-665.

Koutaniemi S, Warinowski T, Kärkönen A, et al. 2007. Expression profiling of the lignin biosynthetic pathway in Norway spruce using EST sequencing and real-time RT-PCR. Plant Mol Biol, 65(3): 311-328.

Kovi MR, Zhang Y, Yu S, et al. 2011. Candidacy of a chitin-inducible gibberellin-responsive gene for a major locus affecting plant height in rice that is closely linked to Green Revolution gene *sd1*. Theor Appl Genet, 123(5): 705-714.

Krebs HA, Kay J, Weitzman P. 1987. Krebs' Citric Acid Cycle: Half a Century and Still Turning. Colchester: Biochemical Society.

Laemmli UK. 1970. Cleavage of structural proteins during the assembly of the head of bacteriophage T4. Nature, 227(5259): 680-685.

Lafarguette F, Leplé JC, Déjardin A, et al. 2004. Poplar genes encoding fasciclin-like arabinogalactan proteins are highly expressed in tension wood. New Phytol, 164(1): 107-121.

Lane N. 2010. Life Ascending: The Ten Great Inventions of Evolution. New York and London: W. W. Norton.

Lapierre C, Pollet B, Petit-Conil M, et al. 1999. Structural alterations of lignins in transgenic poplars with depressed cinnamyl alcohol dehydrogenase or caffeic acid *O*-methyltransferase activity have an opposite impact on the efficiency of industrial kraft pulping. Plant Physiol, 119(1): 153-164.

Legay S, Sivadon P, Blervacq AS, et al. 2010. *EgMYB1*, an R2R3 MYB transcription factor from eucalyptus negatively regulates secondary cell wall formation in *Arabidopsis* and poplar. New Phytol, 188(3): 774-786.

Lev-Yadun S. 1994. Induction of sclereid differentiation in the pith of *Arabidopsis thaliana* (L.) Heynh. Journal of Experimental Botany, 45(281): 1845-1849.

Lev-Yadun S. 1995. Short secondary vessel members in branching regions in branching regions in roots of *Arabidopsis thaliana*. Australian Journal of Botany, 43(4): 435-438.

Li R, Li Y, Zheng H, et al. 2010. Building the sequence map of the human pan-genome. Nat Biotechnol, 28(1): 57-63.

Li S, Lei L, Gu Y. 2013. Functional analysis of complexes with mixed primary and secondary cellulose synthases. Plant Signaling & Behavior, 8(3): e23179.

Liang YK, Xie X, Lindsay SE, et al. 2010. Cell wall composition contributes to the control of transpiration efficiency in *Arabidopsis thaliana*. Plant J, 64(4): 679-686.

Lim S, Schröder I, Monbouquette HG. 2004. A thermostable shikimate 5-dehydrogenase from the archaeon *Archaeoglobus fulgidus*. FEMS Microbiol Lett, 238(1): 101-106.

Lippert DN, Ralph SG, Phillips M, et al. 2009. Quantitative iTRAQ proteome and comparative transcriptome analysis of elicitor-induced Norway spruce (*Picea abies*) cells reveals elements of calcium signaling in the early conifer defense response. Proteomics, 9(2): 350-367.

Liu L, Shang-Guan K, Zhang B, et al. 2013. Brittle Culm1, a COBRA-like protein, functions in cellulose assembly through binding cellulose microfibrils. PLoS Genet, 9(8): e1003704.

Liu X, Wang Q, Chen P, et al. 2012. Four novel cellulose synthase (CESA) genes from Birch (*Betula platyphylla* Suk.) involved in primary and secondary cell Wall biosynthesis. Int J Mol Sci, 13(10): 12195-12212.

Liu Y, Liu D, Zhang H, et al. 2007. The alpha- and beta-expansin and xyloglucan endotransglucosylase/ hydrolase gene families of wheat: molecular cloning, gene expression, and EST data mining. Genomics, 90(4): 516-529.

Liu Z, Duguay J, Ma F, et al. 2008. Modulation of eIF5A1 expression alters xylem abundance in *Arabidopsis thaliana*. J Exp Bot, 59(4): 939-950.

López-Gómez R, Gómez-Lim MA. 1992. A method for extracting intact RNA from fruits rich in polysaccharides using ripe mango mesocarp. HortScience, 27(5): 440-442.

Lowenstein JM . 1969. Methods in Enzymology Volume 13: Citric Acid Cycle. Pittsburgh: Academic Press.

Lu S, Li L, Yi X, et al. 2008. Differential expression of three eucalyptus secondary cell wall-related cellulose synthase genes in response to tension stress. J Exp Bot, 59(3): 681-695.

Ma H, Zhao J. 2010. Genome-wide identification, classification, and expression analysis of the arabinogalactan protein gene family in rice (*Oryza sativa* L.). J Exp Bot, 61(10): 2647-2668.

Ma QH. 2007. Characterization of a cinnamoyl-CoA reductase that is associated with stem development in wheat. J Exp Bot, 58(8): 2011-2021.

MacMillan CP, Mansfield SD, Stachurski ZH, et al. 2010. Fasciclin-like arabinogalactan proteins: specialization for stem biomechanics and cell wall architecture in *Arabidopsis* and *Eucalyptus*. Plant J, 62(4): 689-703.

Marjamaa K, Kukkola E, Lundell T, et al. 2006. Monolignol oxidation by xylem peroxidase isoforms of Norway spruce (*Picea abies*) and silver birch (*Betula pendula*). Tree Physiol, 26(5): 605-611.

Martí E, Carrera E, Ruiz-Rivero O, et al. 2010. Hormonal regulation of tomato gibberellin 20-oxidase1 expressed in *Arabidopsis*. J Plant Physiol, 167(14): 1188-1196.

Martin LK, Haigler CH. 2004. Cool temperature hinders flux from glucose to sucrose during cellulose synthesis in secondary wall stage cotton fibers. Cellulose, 11(3-4): 339-349.

Martz F, Maury S, Pinçon G, et al. 1998. cDNA cloning, substrate specificity and expression study of tobacco caffeoyl-CoA 3-*O*-methyltransferase, a lignin biosynthetic enzyme. Plant Mol Biol, 36(3): 427-437.

Matos DA, Whitney IP, Harrington MJ, et al. 2013. Cell walls and the developmental anatomy of the *Brachypodium distachyon* stem internode. PLoS One, 8(11): e80640.

Mauriat M, Leplé JC, Claverol S, et al. 2015. Quantitative proteomic and phosphoproteomic approaches for deciphering the signaling pathway for tension wood formation in poplar. J Proteome Res, 14(8): 3188-3203.

Mauriat M, Moritz T. 2009. Analyses of *GA20ox*- and *GID1*-over-expressing aspen suggest that gibberellins play two distinct roles in wood formation. Plant J, 58(6): 989-1003.

McCarthy RL, Zhong R, Ye ZH. 2009. MYB83 is a direct target of SND1 and acts redundantly with MYB46 in the regulation of secondary cell wall biosynthesis in *Arabidopsis*. Plant Cell Physiol, 50(11): 1950-1964.

McQueen-Mason S, Durachko DM, Cosgrove DJ. 1992. Two endogenous proteins that induce cell wall extension in plants. Plant Cell, 4(11): 1425-1433.

Mellerowicz EJ, Sundberg B. 2008. Wood cell walls: biosynthesis, developmental dynamics and their implications for wood properties. Curr Opin Plant Biol, 11(3): 293-300.

Milhinhos A, Miguel CM. 2013. Hormone interactions in xylem development: a matter of signals. Plant Cell Rep, 32(6): 867-883.

Minami A, Fukuda H. 1995. Transient and specific expression of a cysteine endopeptidase associated with autolysis during differentiation of *Zinnia* mesophyll cells into tracheary elements. Plant Cell Physiol, 36(8): 1599-1606.

Mishima K, Fujiwara T, Iki T, et al. 2014. Transcriptome sequencing and profiling of expressed genes in cambial zone and differentiating xylem of Japanese cedar (*Cryptomeria japonica*). BMC Genomics, 15: 219.

Mitsuda N, Iwase A, Yamamoto H, et al. 2007. NAC transcription factors, NST1 and NST3, are key regulators of the formation of secondary walls in woody tissues of *Arabidopsis*. Plant Cell, 19(1):

270-280.

Mohammadi M, Anoop V, Gleddie S, et al. 2011. Proteomic profiling of two maize inbreds during early gibberella ear rot infection. Proteomics, 11(18): 3675-3684.

Mortazavi A, Williams BA, McCue K, et al. 2008. Mapping and quantifying mammalian transcriptomes by RNA-Seq. Nat Methods, 5(7): 621-628

Mueller SC, Brown RM Jr. 1980. Evidence for an intramembrane component associated with a cellulose microfibril-synthesizing complex in higher plants. J Cell Biol, 84(2): 315-326.

Murakami Y, Funada R, Sano Y, et al. 1999. The differentiation of contact cells and isolation cells in the xylem ray parenchyma of *Populus maximowiczii*. Ann Bot, 84: 429-435.

Nieminen KM, Kauppinen L, Helariutta Y. 2004. A weed for wood? *Arabidopsis* as a genetic model for xylem development. Plant Physiol, 135(2): 653-659.

Nishikubo N, Takahashi J, Roos AA, et al. 2011. Xyloglucan endo-transglycosylase-mediated xyloglucan rearrangements in developing wood of hybrid aspen. Plant Physiol, 155(1): 399-413.

No EG, Loopstra CA. 2000. Hormonal and developmental regulation of two arabinogalactan-proteins in xylem of loblolly pine (*Pinus taeda*). Physiologia Plantarum, 110(4): 524-529.

O'Connell A, Holt K, Piquemal J, et al. 2002. Improved paper pulp from plants with suppressed cinnamoyl-CoA reductase or cinnamyl alcohol dehydrogenase. Transgenic Res, 11(5): 495-503.

Obata T, Fernie AR. 2012. The use of metabolomics to dissect plant responses to abiotic stresses. Cell Mol Life Sci, 69(19): 3225-3243.

Oda Y, Fukuda H. 2012. Secondary cell wall patterning during xylem differentiation. Curr Opin Plant Biol, 15(1): 38-44.

Oeljeklaus S, Meyer HE, Warscheid B. 2009. Advancements in plant proteomics using quantitative mass spectrometry. J Proteomics, 72(3): 545-554.

Ohashi-Ito K, Oda Y, Fukuda H. 2010. *Arabidopsis* vascular-related NAC-domain6 directly regulates the genes that govern programmed cell death and secondary wall formation during xylem differentiation. Plant Cell, 22(10): 3461-3473.

Ohmiya Y, Nakai T, Park YW, et al. 2003. The role of PopCel1 and PopCel2 in poplar leaf growth and cellulose biosynthesis. Plant J, 33(6): 1087-1097.

Orford SJ, Timmis JN. 2000. Expression of a lipid transfer protein gene family during cotton fibre development. Biochim Biophys Acta, 1483(2): 275-284.

Owiti J, Grossmann J, Gehrig P, et al. 2011. iTRAQ-based analysis of changes in the cassava root proteome reveals pathways associated with post-harvest physiological deterioration. Plant J, 67(1): 145-156.

Paiva JAP, Garcés M, Alves A, et al. 2008. Molecular and phenotypic profiling from the base to the crown in maritime pine wood-forming tissue. New Phytol, 178(2): 283-301.

Paux E, Carocha V, Marques C, et al. 2005. Transcript profiling of Eucalyptus xylem genes during tension wood formation. New Phytol, 167(1): 89-100.

Paux E, Tamasloukht M, Ladouce N, et al. 2004. Identification of genes preferentially expressed during wood formation in *Eucalyptus*. Plant Mol Biol, 55(2): 263-280.

Pavy N, Paule C, Parsons L, et al. 2005. Generation, annotation, analysis and database integration of 16,500 white spruce EST clusters. BMC Genomics, 6: 144.

Pearson WR. 2013. An introduction to sequence similarity ("homology") searching. Current Protocols in Bioinformatics, Chapter 3: 3.1.1-3.1.8.

Peng J, Harberd NP. 2002. The role of GA-mediated signalling in the control of seed germination. Curr Opin Plant Biol, 5(5): 376-381.

Persson S, Wei H, Milne J, et al. 2005. Identification of genes required for cellulose synthesis by regression analysis of public microarray data sets. Proc Natl Acad Sci USA, 102(24): 8633-8638.

Pertea G, Huang X, Liang F, et al. 2003. TIGR Gene indices clustering tools (TGICL): a software system for fast clustering of large EST datasets. Bioinformatics, 19(5): 651-652.

Pesquet E, Korolev AV, Calder G, et al. 2010. The microtubule-associated protein AtMAP70-5 regulates secondary wall patterning in *Arabidopsis* wood cells. Curr Biol, 20(8): 744-749.

Pfaffl MW, Horgan GW, Dempfle L. 2002. Relative expression software tool (REST) for group-wise comparison and statistical analysis of relative expression results in real-time PCR. Nucleic Acids Res, 30(9): e36.

Pilate G, Chabbert B, Cathala B, et al. 2004a. Lignification and tension wood. Comptes Rendus Biologies, 327(9-10): 889-901.

Pilate G, Déjardin A, Laurans F, et al. 2004b. Tension wood as a model for functional genomics of wood formation. New Phytol, 164(1): 63-72.

Pimenta Lange MJ, Lange T. 2006. Gibberellin biosynthesis and the regulation of plant development. Plant Biol (Stuttg), 8(3): 281-290.

Prassinos C, Ko JH, Yang J, et al. 2005. Transcriptome profiling of vertical stem segments provides insights into the genetic regulation of secondary growth in hybrid aspen trees. Plant Cell Physiol, 46(8): 1213-1225.

Preston J, Wheeler J, Heazlewood J, et al. 2004. AtMYB32 is required for normal pollen development in *Arabidopsis thaliana*. Plant J, 40(6): 979-995.

Qiu D, Wilson IW, Gan S, et al. 2008. Gene expression in Eucalyptus branch wood with marked variation in cellulose microfibril orientation and lacking G-layers. New Phytol, 179(1): 94-103.

Ragni L, Nieminen K, Pacheco-Villalobos D, et al. 2011. Mobile gibberellin directly stimulates *Arabidopsis* hypocotyl xylem expansion. Plant Cell, 23(4): 1322-1336.

Rajangam AS, Kumar M, Aspeborg H, et al. 2008. MAP20, a microtubule-associated protein in the secondary cell walls of hybrid aspen, is a target of the cellulose synthesis inhibitor 2,6-dichlorobenzonitrile. Plant Physiol, 148(3): 1283-1294.

Ralph J, MacKay JJ, Hatfield RD, et al. 1997. Abnormal lignin in a loblolly pine mutant. Science, 277(5323): 235-239.

Ranik M, Myburg AA. 2006. Six new cellulose synthase genes from *Eucalyptus* are associated with primary and secondary cell wall biosynthesis. Tree Physiol, 26(5): 545-556.

Reeck GR, de Haën C, Teller DC, et al. 1987. "Homology" in proteins and nucleic acids: a terminology muddle and a way out of it. Cell, 50(5): 667.

Regan S, Bourquin V, Tuominen H, et al. 1999. Accurate and high resolution in situ hybridization analysis of gene expression in secondary stem tissues. Plant J, 19(3): 363-369.

Ren B, Chen Q, Hong S, et al. 2013. The *Arabidopsis* eukaryotic translation initiation factor eIF5A-2 regulates root protoxylem development by modulating cytokinin signaling. Plant Cell, 25(10): 3841-3857.

Rhie YH, Lee SY, Kim KS. 2015. Seed dormancy and germination in *Jeffersonia dubia* (Berberidaceae) as affected by temperature and gibberellic acid. Plant Biol (Stuttg), 17(2): 327-334.

Ribeiro DM, Araújo WL, Fernie AR, et al. 2012. Translatome and metabolome effects triggered by gibberellins during rosette growth in *Arabidopsis*. J Exp Bot, 63(7): 2769-2786.

Richmond TA, Somerville CR. 2001. Integrative approaches to determining Csl function. Plant Mol Biol, 47(1-2): 131-143.

Rieu I, Ruiz-Rivero O, Fernandez-Garcia N, et al. 2008. The gibberellin biosynthetic genes *AtGA20ox1* and *AtGA20ox2* act, partially redundant, to promote growth and development throughout the *Arabidopsis* life cycle. Plant J, 53(3): 488-504.

Roach MJ, Deyholos MK. 2007. Microarray analysis of flax (*Linum usitatissimum* L.) stems identifies transcripts enriched in fibre-bearing phloem tissues. Mol Genet Genomics, 278(2): 149-165.

Roach M, Gerber L, Sandquist D, et al. 2012. Fructokinase is required for carbon partitioning to cellulose in aspen wood. Plant J, 70(6): 967-977.

Rohrmann J, Tohge T, Alba R, et al. 2011. Combined transcription factor profiling, microarray analysis and metabolite profiling reveals the transcriptional control of metabolic shifts occurring during tomato fruit development. Plant J, 68(6): 999-1013.

Rost B, Liu J, Nair R, et al. 2003. Automatic prediction of protein function. Cell Mol Life Sci, 60(12): 2637-2650.

Rouse D, Mackay P, Stirnberg P, et al. 1998. Changes in auxin response from mutations in an AUX/IAA gene. Science, 279(5355): 1371-1373.

Salnikov VV, Grimson MJ, Seagull RW, et al. 2003. Localization of sucrose synthase and callose in freeze-substituted secondary-wall-stage cotton fibers. Protoplasma, 221(3-4): 175-184.

Sato T, Takabe K, Fujita M. 2004. Immunolocalization of phenylalanine ammonia-lyase and cinnamate-4-hydroxylase in differentiating xylem of poplar. C R Biol, 327(9-10): 827-836.

Sauret-Güeto S, Calder G, Harberd NP. 2012. Transient gibberellin application promotes *Arabidopsis thaliana* hypocotyl cell elongation without maintaining transverse orientation of microtubules on the outer tangential wall of epidermal cells. Plant J, 69(4): 628-639.

Schneiderbauer A, Sandermann H Jr, Ernst D. 1991. Isolation of functional RNA from plant tissues rich in phenolic compounds. Anal Biochem, 197(1): 91-95.

Schwechheimer C, Willige BC. 2009. Shedding light on gibberellic acid signalling. Curr Opin Plant Biol, 12(1): 57-62.

Sewalt V, Ni W, Blount JW, et al. 1997. Reduced lignin content and altered lignin composition in transgenic tobacco down-regulated in expression of *L*-phenylalanine ammonia-lyase or cinnamate 4-hydroxylase. Plant Physiol, 115(1): 41-50.

Shani Z, Dekel M, Tsabary G, et al. 2004. Growth enhancement of transgenic poplar plants by overexpression of *Arabidopsis thaliana* endo-1,4-β-glucanase (*cel1*). Molecular Breeding, 14(3): 321-330.

Showalter AM. 2001. Arabinogalactan-proteins: structure, expression and function. Cell Mol Life Sci, 58(10): 1399-1417.

Siedlecka A, Wiklund S, Péronne MA, et al. 2008. Pectin methyl esterase inhibits intrusive and symplastic cell growth in developing wood cells of *Populus*. Plant Physiol, 146(2): 554-565.

Singh SA, Christendat D. 2006. Structure of *Arabidopsis* dehydroquinate dehydratase-shikimate dehydrogenase and implications for metabolic channeling in the shikimate pathway. Biochemistry, 45(25): 7787-7796.

Spicer R, Tisdale-Orr T, Talavera C. 2013. Auxin-responsive DR5 promoter coupled with transport assays suggest separate but linked routes of auxin transport during woody stem development in *Populus*. PLoS One, 8(8): e72499.

Stafstrom JP, Ripley BD, Devitt ML, et al. 1998. Dormancy-associated gene expression in pea axillary buds. Cloning and expression of PsDRM1 and PsDRM2. Planta, 205(4): 547-552.

Steinwand BJ, Kieber JJ. 2010. The role of receptor-like kinases in regulating cell wall function. Plant Physiol, 153(2): 479-484.

Sterky F, Regan S, Karlsson J, et al. 1998. Gene discovery in the wood-forming tissues of poplar: analysis of 5,692 expressed sequence tags. Proc Natl Acad Sci USA, 95(22): 13330-13335.

Tan KS, Hoson T, Masuda Y, et al. 1992. Involvement of cell wall-bound diferulic acid in light-induced decrease in growth rate and cell wall extensibility of *Oryza* coleoptiles. Plant and Cell Physiology, 33(2): 103-108.

Tanaka K, Murata K, Yamazaki M, et al. 2003. Three distinct rice cellulose synthase catalytic subunit genes required for cellulose synthesis in the secondary wall. Plant Physiol, 133(1): 73-83.

Tang X, Wang D, Liu Y, et al. 2020. Dual regulation of xylem formation by an auxin-mediated PaC3H17-PaMYB199 module in *Populus*. New Phytol, 225(4): 1545-1561.

Taylor NG, Scheible WR, Cutler S, et al. 1999. The irregular xylem 3 locus of *Arabidopsis* encodes a cellulose synthase required for secondary cell wall synthesis. Plant Cell, 11(5): 769-780.

Thumma BR, Matheson BA, Zhang D, et al. 2009. Identification of a *cis*-acting regulatory polymorphism in a *Eucalypt COBRA-like* gene affecting cellulose content. Genetics, 183(3): 1153-1164.

Tian J, Du Q, Chang M, et al. 2012. Allelic variation in *PtGA20Ox* associates with growth and wood properties in *Populus* spp. PLoS One, 7(12): e53116.

Timell TE . 1973. Studies on opposite wood in conifers Part I: chemical composition. Wood Science & Technology, 7(1): 1-5.

Tokunaga N, Kaneta T, Sato S, et al. 2009. Analysis of expression profiles of three peroxidase genes associated with lignification in *Arabidopsis thaliana*. Physiol Plant, 136(2): 237-249.

Tokunaga N, Uchimura N, Sato Y. 2006. Involvement of gibberellin in tracheary element differentiation and lignification in *Zinnia elegans* xylogenic culture. Protoplasma, 228(4): 179-187.

Turner SR, Taylor N, Jones L. 2001. Mutations of the secondary cell wall. Plant Mol Bio, 47(1-2): 209-219.

Ujino-Ihara T, Yoshimura K, Ugawa Y, et al. 2000. Expression analysis of ESTs derived from the inner bark of *Cryptomeria japonica*. Plant Mol Biol, 43(4): 451-457.

Ukaji N, Kuwabara C, Takezawa D, et al. 2010. Accumulation of pathogenesis-related (PR) 10/Bet v 1 protein homologues in mulberry (*Morus bombycis* Koidz.) tree during winter. Plant Cell & Environment, 27(9): 1112-1121.

Ulmasov T, Hagen G, Guilfoyle TJ. 1997. ARF1, a transcription factor that binds to auxin response elements. Science, 276(5320): 1865-1868.

Unda F, Kim H, Hefer C, et al. 2017. Altering carbon allocation in hybrid poplar (*Populus alba × grandidentata*) impacts cell wall growth and development. Plant Biotechnol J, 15(7): 865-878.

van der Rest B, Danoun S, Boudet AM, et al. 2006. Down-regulation of cinnamoyl-CoA reductase in tomato (*Solanum lycopersicum* L.) induces dramatic changes in soluble phenolic pools. J Exp Bot, 57(6): 1399-1411.

van Raemdonck D, Pesquet E, Cloquet S, et al. 2005. Molecular changes associated with the setting up of secondary growth in aspen. J Exp Bot, 56(418): 2211-2227.

Vanharanta S, Launonen V. 2008. Fumarate Hydratase. Berlin Heidelberg: Springer.

Verma DP, Maclachlan GA, Byrne H, et al. 1975. Regulation and in vitro translation of messenger ribonucleic acid for cellulase from auxin-treated pea epicotyls. J Biol Chem, 250(3): 1019-1026.

Wagner A. 2014. Arrival of the Fittest (first ed.). New York: Penguin Group: 100.

Wagner A, Donaldson L, Kim H, et al. 2009. Suppression of 4-coumarate-CoA ligase in the coniferous gymnosperm *Pinus radiata*. Plant Physiol, 149(1): 370-383.

Wakabayashi K, Soga K, Hoson T. 2012. Phenylalanine ammonia-lyase and cell wall peroxidase are cooperatively involved in the extensive formation of ferulate network in cell walls of developing rice shoots. J Plant Physiol, 169(3): 262-267.

Wang C, Zhang N, Gao C, et al. 2014. Comprehensive transcriptome analysis of developing xylem responding to artificial bending and gravitational stimuli in *Betula platyphylla*. PLoS One, 9(2): e87566.

Wang G, Gao Y, Wang J, et al. 2011a. Overexpression of two cambium-abundant Chinese fir (*Cunninghamia lanceolata*) α-expansin genes *ClEXPA1* and *ClEXPA2* affect growth and development in transgenic tobacco and increase the amount of cellulose in stem cell walls. Plant Biotechnol J, 9(4): 486-502.

Wang GL, Que F, Xu ZS, et al. 2017. Exogenous gibberellin enhances secondary xylem development and lignification in carrot taproot. Protoplasma, 254(2): 839-848.

Wang H, Zhao Q, Chen F, et al. 2011b. NAC domain function and transcriptional control of a secondary cell wall master switch. Plant J, 68(6): 1104-1114.

Wang J, Kucukoglu M, Zhang L, et al. 2013. The *Arabidopsis* LRR-RLK, PXC1, is a regulator of secondary wall formation correlated with the TDIF-PXY/TDR-WOX4 signaling pathway. BMC Plant Biol, 13: 94.

Wang Z, Gerstein M, Snyder M. 2009. RNA-Seq: a revolutionary tool for transcriptomics. Nat Rev Genet, 10(1): 57-63.

Whetten R, Sun YH, Zhang Y, et al. 2001. Functional genomics and cell wall biosynthesis in loblolly pine. Plant Mol Biol, 47(1-2): 275-291.

Whitney SE, Gidley MJ, McQueen-Mason SJ. 2000. Probing expansin action using cellulose/ hemicellulose composites. Plant J, 22(4): 327-334.

Wilhelm BT, Landry JR. 2009. RNA-Seq-quantitative measurement of expression through massively parallel RNA-sequencing. Methods, 48(3): 249-257.

Wilkins O, Nahal H, Foong J, et al. 2009. Expansion and diversification of the *Populus* R2R3-MYB family of transcription factors. Plant Physiol, 149(2): 981-993.

Williamson RE, Burn JE, Hocart CH. 2002. Towards the mechanism of cellulose synthesis. Trends Plant Sci, 7(10): 461-467.

Winter H, Huber SC. 2000. Regulation of sucrose metabolism in higher plants: localization and regulation of activity of key enzymes. Crit Rev Biochem Mol Biol, 35(4): 253-289.

Wu D, Cai S, Chen M, et al. 2013. Tissue metabolic responses to salt stress in wild and cultivated barley. PLoS One, 8(1): e55431.

Wu L, Joshi CP, Chiang VL. 2000. A xylem-specific cellulose synthase gene from aspen (*Populus tremuloides*) is responsive to mechanical stress. Plant J, 22(6): 495-502.

Xiao Y, Yi F, Ling J, et al. 2020. Transcriptomics and proteomics reveal the cellulose and pectin metabolic processes in the tension wood (non-G-layer) of *Catalpa bungei*. Int J Mol Sci, 21(5): 1686.

Xie XJ, Huang JJ, Gao HH, et al. 2011. Expression patterns of two *Arabidopsis* endo-beta-1,4-glucanase genes (*At3g43860, At4g39000*) in reproductive development. Mol Biol (Mosk), 45(3): 503-509.

Xu G , Li C , Yao Y . 2009. Proteomics analysis of drought stress-responsive proteins in *Hippophae rhamnoides* L. Plant Molecular Biology Reporter, 27(2): 153-161.

Yamaguchi M, Ohtani M, Mitsuda N, et al. 2010. VND-INTERACTING2, a NAC domain transcription factor, negatively regulates xylem vessel formation in *Arabidopsis*. Plant Cell, 22(4): 1249-1263.

Yamashita Y, Tsukioka Y, Nakano Y, et al. 1998. Biological functions of UDP-glucose synthesis in *Streptococcus mutans*. Microbiology (Reading), 144 (Pt 5): 1235-1245.

Yang J, Park S, Kamdem DP, et al. 2003. Novel gene expression profiles define the metabolic and physiological processes characteristic of wood and its extractive formation in a hardwood tree species, *Robinia pseudoacacia*. Plant Mol Biol, 52(5): 935-956.

Yang SH, van Zyl L, No EG, et al. 2004. Microarray analysis of genes preferentially expressed in differentiating xylem of loblolly pine (*Pinus taeda*). Plant Science: An International Journal of Experimental Plant Biology, 166(5): 1185-1195.

Ye ZH, Kneusel RE, Matern U, et al. 1994. An alternative methylation pathway in lignin biosynthesis in *Zinnia*. Plant Cell, 6(10): 1427-1439.

Ye ZH, Varner JE. 1995. Differential expression of two *O*-methyltransferases in lignin biosynthesis in *Zinnia elegans*. Plant Physiol, 108(2): 459-467.

Ye ZH, York WS, Darvill AG. 2006. Important new players in secondary wall synthesis. Trends Plant Sci, 11(4): 162-164.

Yeats TH, Rose JK. 2008. The biochemistry and biology of extracellular plant lipid-transfer proteins (LTPs). Protein Sci, 17(2): 191-198.

Yokoyama R, Nishitani K. 2006. Identification and characterization of *Arabidopsis thaliana* genes involved in xylem secondary cell walls. J Plant Res, 119(3): 189-194.

Yuan Y, Wu C, Liu Y, et al. 2013. The *Scutellaria baicalensis* R2R3-MYB transcription factors modulates flavonoid biosynthesis by regulating GA metabolism in transgenic tobacco plants. PLoS One, 8(10):e77275.

Zabotina O, Malm E, Drakakaki G, et al. 2008. Identification and preliminary characterization of a new chemical affecting glucosyltransferase activities involved in plant cell wall biosynthesis. Mol Plant, 1(6): 977-989.

Zenoni S, Reale L, Tornielli GB, et al. 2004. Downregulation of the *Petunia hybrida* alpha-expansin gene *PhEXP1* reduces the amount of crystalline cellulose in cell walls and leads to phenotypic changes in petal limbs. Plant Cell, 16(2): 295-308.

Zhang J, Zhou T, Zhang C, et al. 2021. Gibberellin disturbs the balance of endogenesis hormones and inhibits adventitious root development of *Pseudostellaria heterophylla* through regulating gene expression related to hormone synthesis. Saudi J Biol Sci, 28(1): 135-147.

Zhang M, Henquet M, Chen Z, et al. 2009. *LEW3*, encoding a putative alpha-1,2-mannosyltransferase (ALG11) in *N*-linked glycoprotein, plays vital roles in cell-wall biosynthesis and the abiotic stress response in *Arabidopsis thaliana*. Plant J, 60(6): 983-999.

Zhang X, Dominguez PG, Kumar M, et al. 2018. Cellulose synthase stoichiometry in aspen differs from *Arabidopsis* and Norway spruce. Plant Physiol, 177(3): 1096-1107.

Zhang X, Gou M, Liu CJ. 2013. *Arabidopsis* Kelch repeat F-box proteins regulate phenylpropanoid biosynthesis via controlling the turnover of phenylalanine ammonia-lyase. Plant Cell, 25(12): 4994-5010.

Zhang XH, Chiang VL. 1997. Molecular cloning of 4-coumarate:coenzyme A ligase in loblolly pine and the roles of this enzyme in the biosynthesis of lignin in compression wood. Plant Physiol, 113(1): 65-74.

Zhang Y, Liu Z, Wang L, et al. 2010. Sucrose-induced hypocotyl elongation of *Arabidopsis* seedlings in darkness depends on the presence of gibberellins. J Plant Physiol, 167(14): 1130-1136.

Zhao H, Lu J, Lu S, et al. 2005. Isolation and functional characterization of a cinnamate 4-hydroxylase promoter from *Populus tomentosa*. Plant Science: An International Journal of Experimental Plant Biology, 168(5): 1157-1162.

Zheng S, He J, Lin Z, et al. 2020. Two MADS-box genes regulate vascular cambium activity and secondary growth via modulating auxin homeostasis in *Populus*. Plant Communications, 2(5): 100134.

Zhong R, Lee C, Ye ZH. 2010. Evolutionary conservation of the transcriptional network regulating secondary cell wall biosynthesis. Trends Plant Sci, 15(11): 625-632.

Zhong R, Lee C, Zhou J, et al. 2008. A battery of transcription factors involved in the regulation of secondary cell wall biosynthesis in *Arabidopsis*. Plant Cell, 20(10): 2763-2782.

Zhong R, Morrison WH, Freshour GD, et al. 2003. Expression of a mutant form of cellulose synthase AtCesA7 causes dominant negative effect on cellulose biosynthesis. Plant Physiol, 132(2): 786-795.

Zhong R, Richardson EA, Ye ZH. 2007a. The MYB46 transcription factor is a direct target of SND1 and regulates secondary wall biosynthesis in *Arabidopsis*. Plant Cell, 19(9): 2776-2792.

Zhong R, Richardson EA, Ye ZH. 2007b. Two NAC domain transcription factors, SND1 and NST1, function redundantly in regulation of secondary wall synthesis in fibers of Arabidopsis. Planta, 225(6): 1603-1611.

Zhong R, Ripperger A, Ye ZH. 2000. Ectopic deposition of lignin in the pith of stems of two *Arabidopsis* mutants. Plant Physiol, 123(1): 59-70.

Zhou GK, Zhong R, Himmelsbach DS, et al. 2007. Molecular characterization of PoGT8D and PoGT43B, two secondary wall-associated glycosyltransferases in poplar. Plant Cell Physiol, 48(5): 689-699.

Zhou GK, Zhong R, Richardson EA, et al. 2006. The poplar glycosyltransferase GT47C is functionally conserved with *Arabidopsis* Fragile fiber8. Plant Cell Physiol, 47(9): 1229-1240.

Zhou J, Lee C, Zhong R, et al. 2009. MYB58 and MYB63 are transcriptional activators of the lignin biosynthetic pathway during secondary cell wall formation in *Arabidopsis*. Plant Cell, 21(1): 248-266.

Zhu M, Dai S, McClung S, et al. 2009. Functional differentiation of *Brassica napus* guard cells and mesophyll cells revealed by comparative proteomics. Mol Cell Proteomics, 8(4): 752-766.

Zobel BJ, Jett JB. 1995. The Role of Genetics in Wood Production — General Concepts. Berlin Heidelberg: Springer.